U0172351

湖北省公益学术著作出版专项资金资助项目
中国城市建设技术文库
丛书主编 鲍家声

Guidance & Control of Urban Residential Form and Layout
A Study on Solar Resource Utilization in Western Plateau Region

城镇住区形态布局导控
西部高原地区太阳能利用研究

刘 煜 刘 奕 文 婷 雷云菲 著

华中科技大学出版社
http://press.hust.edu.cn
中国·武汉

图书在版编目（CIP）数据

城镇住区形态布局导控:西部高原地区太阳能利用研究/刘煜等著.—武汉:华中科技大学出版社,2023.7
（中国城市建设技术文库）
ISBN 978-7-5680-9607-2

Ⅰ.①城…　Ⅱ.①刘…　Ⅲ.①高原-地区-城市规划-建筑设计-太阳能利用-研究-中国　Ⅳ.①TU984.2

中国国家版本馆 CIP 数据核字（2023）第 148014 号

城镇住区形态布局导控
——西部高原地区太阳能利用研究

刘　煜　刘　奕

文　婷　雷云菲　著

Chengzhen Zhuqu Xingtai Buju Daokong
——Xibu Gaoyuan Diqu Taiyangneng Liyong Yanjiu

策划编辑：金　紫　　　　　　　　　　　　　　　　　　责任校对：张会军
责任编辑：荣　静　　　　　　　　　　　　　　　　　　责任监印：朱　玢
封面设计：王　娜
出版发行：华中科技大学出版社（中国·武汉）　　　电话：(027)81321913
　　　　　武汉市东湖新技术开发区华工科技园　　　邮编：430223
录　　排：华中科技大学惠友文印中心
印　　刷：湖北金港彩印有限公司
开　　本：710mm×1000mm　1/16
印　　张：14.75
字　　数：264 千字
版　　次：2023 年 7 月第 1 版第 1 次印刷
定　　价：128.00 元

"中国城市建设技术文库"
丛书编委会

主　编　鲍家声
委　员　(以姓氏笔画为序)

万　　敏　华中科技大学

王　　林　江苏科技大学

朱育帆　清华大学

张孟喜　上海大学

胡　　纹　重庆大学

顾保南　同济大学

顾馥保　郑州大学

戴文亭　吉林大学

作者简介

刘煜，澳大利亚新南威尔士大学（UNSW）博士，西北工业大学教授、博士生导师，西北工业大学国际联合机构——可持续建筑与环境研究所负责人，西安市国际科技合作基地——可持续建筑与环境国际联合研究中心负责人，澳大利亚悉尼科技大学（UTS）访问学者，瑞典皇家理工学院（KTH）高级访问学者，中国建筑学会建筑师分会理事，中国可再生能源学会太阳能建筑专委会委员。

历任西北工业大学建筑系主任、建筑设计研究所所长、力学与土木建筑学院副院长等职，现任建筑学学科负责人，兼任西安交通大学米兰理工联合设计与创新学院学术委员会委员、西安建筑科技大学校外博士生导师。

近年主持国家自然科学基金、国家重点研发计划子课题等国家和省部级以上科研课题 19 项，发表学术论文 160 余篇，主/参编中英文学术专著 7 部、教材 5 部、标准 7 部，获授权专利 10 项；获教育部高等学校科学研究优秀成果奖、华夏建设科学技术奖、陕西省科学技术进步奖等各类奖励 39 项。

刘奕，西北工业大学硕士，现任职于河北工业职业技术大学。主要研究方向为绿色建筑、传统建筑更新。主持研究生种子基金项目1项，参与国家级科研项目2项，发表国际会议论文1篇，获授权专利2项。

文婷，西北工业大学硕士，现任职于上海德滢工程咨询有限公司。主要研究方向为绿色建筑、太阳能建筑。参与国家级科研项目2项，发表国际期刊论文1篇。

雷云菲，西北工业大学硕士，现任职于南京联创智慧城市科技有限公司。主要研究方向为绿色建筑、建筑性能优化。主持研究生种子基金项目1项，参与国家级科研项目2项，发表国际会议论文1篇。

前言

　　城镇住区形态布局对地域气候资源的获取和利用具有先决性限定作用。 随着全球城镇人口持续增长，如何引导城镇住区设计，为地域气候资源的获取和利用创造最佳条件，成为学术界关注的新课题。 日照是人类最重要的气候资源，其在住区不同界面的动态分布情况，不仅限定了住区的主、被动式日照获取潜力，而且影响住区整体微气候环境的健康、舒适与活力。 为了在住区充分获取和合理利用日照，有必要对住区的形态布局进行设计导控。

　　本书针对我国西部高原典型城镇，分析住区形态布局对日照资源获取、利用的影响，以及与日照资源获取、利用相关的住区形态布局设计导控指标。 主要目的在于，从日照资源在住区不同界面微观分布的量化评估入手，将"技术领域"的气候资源利用研究，转化为"设计领域"的形态布局优化研究，以充分发挥"设计"在日照资源利用中的作用。

　　本书内容基于西北工业大学国际合作"可持续建筑与环境"研究团队主持承担的如下科研项目：①国家自然科学基金面上项目——基于日照评估的西部高原城镇住区形态设计导控机制与指标研究（52078422）；②国家自然科学基金青年项目——面向方案阶段的西部太阳能富集区城市住宅多目标优化设计研究（51908463）；③"十三五"国家重点研发计划项目子课题——西部太阳能富集区城镇居住建筑绿色设计的过程导控与评价研究（2016YFC0700208-02）。

　　本书分为五章：第 1 章概述，简要介绍城镇住区日照资源利用与形态布局设计导控研究的背景及现状，以及形态布局设计导控指标构建的需求、原则、相关概念及路径；第 2 章西部高原典型城镇住区现状调研，包括对兰州、西宁及拉萨既有城镇住区形态布局的实地调研及模型构建；第 3 章兰州城镇住区日照获取潜力及设计

I

导控；第 4 章西宁城镇住区日照获取、利用潜力及设计导控；第 5 章拉萨城镇住宅多目标优化设计导控。 全书总体从日照资源获取、利用的视角对兰州、西宁和拉萨城镇住区及住宅建筑设计导控的指标进行分析。 本书第 1 章由刘煜、刘奕主笔起草；第 2~5 章由刘奕、文婷、雷云菲主笔起草，刘煜修订完善；西安建筑科技大学刘博参与第 2 章第 2.3 节及第 5 章的软件模拟复核、图表重绘及文字修订；西北工业大学王晓艳参与书后参考文献修订、宋郭睿参与部分图的绘制；全书由刘煜统稿。 参与本书相关项目研讨的主要有西北工业大学王晋、郑武幸、邵腾等老师，以及王敏、郝上凯、杨潇静、李文强、宋郭睿、王晓艳等学生。 此外，参与合作研讨的还有日本横滨国立大学 Cho Seigen（张晴原）教授、新加坡国立大学 Heng Chye Kiang（王才强）教授、英国利物浦大学 David Hou Chi Chow（周厚智）副教授和杜江涛副教授，以及新加坡太阳能研究所 Ji Zhang（张冀）高级研究员等国际专家。

本书力图从日照资源获取和利用的视角，为西部高原城镇住区形态布局设计提供参考。 限于作者能力，同时作为阶段性成果，书中难免存在不足之处，诚恳期待关心城镇住区形态布局设计及日照资源获取和利用的专家、学者、设计人员及运营管理人员等批评指正。

作　者
2023 年 4 月

目录

第1章

概述

1.1 城镇住区日照获取和利用设计的背景

1. 城镇是未来人居环境研究的重要地区

城镇化是人类社会发展的必然趋势，也是世界政治、经济、文化发展的普遍规律。20 世纪以来，全球城镇化进程持续加速，城镇发展的规模、范围及多样化程度不断提高。联合国人类住区规划署（简称联合国人居署）发布的《2022 年世界城市报告：展望城市未来》（*World Cities Report* 2022：*Envisaging the Future of Cities*）显示，到 2050 年，全球城市人口的占比将从 2021 年的 56% 上升至 68%，意味着城市居民将增加 22 亿。随着全球城镇人口持续增长，如何引导城镇空间形态布局设计，为地域气候资源的获取和利用创造最佳条件，成为国际学术界关注的新课题。我国城镇人口及城镇数量变化（1955—2020 年）见图 1-1。

我国正在经历世界上规模最大、增速最快的城镇化过程，城镇化率从 1978 年的 17.9% 增长到 2021 年的 64.7%，城镇常住人口增加到 9.14 亿，城镇化呈现快速发展的趋势（图 1-1）。西部地区过去人口较分散、城镇化水平相对较低，随着国家"一带一路"倡议的提出，该地区成为未来城镇化建设发展和未来人居环境研究的重要地区。

图 1-1 我国城镇人口及城镇数量变化（1955—2020 年）

2. 城镇住区日照资源利用需求加速升温

工业革命以来，人类主要依赖石油、煤炭等化石燃料提供所需能源。大量研究显示，燃烧化石能源排放的 CO_2 等温室气体，是造成温室效应增强，进而引发全球气候变化的主要原因。据统计，2016 年全球 CO_2 排放量比 20 世纪初上升了 46.8%。《联合国气候变化框架公约》（*United Nations Framework Convention on Climate Change*，UNFCCC）是第一个为全面控制 CO_2 等温室气体排放、应对全球气候变暖给人类经济和社会带来不利影响的国际公约，也是国际社会在应对全球气候变化问题上进行国际合作的基本框架。据统计，已有 190 多个国家批准了该公约，并做出了旨在解决气候变化问题的承诺。

2020 年 9 月，我国在第七十五届联合国大会上宣布，力争 2030 年前 CO_2 排放达到峰值，努力争取 2060 年前实现碳中和目标。至此，"双碳目标"成为国家层面的重大战略目标。《2021 中国建筑能耗与碳排放研究报告：省级建筑碳达峰形势评估成果发布》显示，2019 年我国建筑全过程碳排放量占全国碳排放总量的一半以上（50.6%），因此，建筑领域低碳转型无疑是我国实现"双碳"目标的关键一环。

据联合国人居署统计，超过 60% 的温室气体排放来自城镇地区，因此城镇是推进"双碳"目标的重要主体，而高密度城区是实现"双碳"目标的重要地区。提高城镇地区的日照资源获取和利用能力，对加快实现国家"双碳"战略目标具有重要意义；而"双碳"战略目标的牵引和推动，也使城镇住区日照资源利用的设计和技术市场需求加速升温。

3. 日照获取和利用符合西部高原资源环境特征

我国日照资源整体较丰富，全国 2/3 以上地区年日照时数大于 2200 小时，平均日照辐射值分布整体呈现西部较高、东部较低的趋势。日照资源富集区域集中在北方，且主要位于西藏、青海、甘肃、宁夏、新疆等西北部地区，零星分散在河北西北部、山西北部、内蒙古南部等地区。西部高原地区日照资源最为富集，全年日照辐射量在 1750 $kW \cdot h/m^2$ 以上，部分地区甚至超过 2000 $kW \cdot h/m^2$，是突出的地域优势资源。

西部高原具有丰富的日照资源，自然生态环境相对脆弱，且地处建筑热工分区的严寒、寒冷地区，冬季采暖期长达 4～6 个月，建筑采暖能耗需求巨大；同时，该地区属于我国西部内陆区，与东部沿海城市相比经济整体欠发达，在该地区使用化石能源进行建筑冬季采暖，不仅成本较高，而且可能对当地脆弱的生态环境造成不可逆转的影响和破坏。 2017年国家住房和城乡建设部发布《建筑节能与绿色建筑发展"十三五"规划》，明确提出深入推进可再生能源建筑应用的规划任务。 在西部高原地区充分利用地域日照资源满足当地建筑能源需求，不仅符合国家战略目标，而且有助于营造节能减排、生态环保、经济节约、健康舒适的人居环境，进而提高居民幸福感和满意度，因此具有显著的现实意义。

4.日照资源获取、利用需要设计引导

国际能源署（IEA）面向多国建筑师的问卷调研结果表明，在日照资源利用的设计实践中，建筑师不仅需要模拟软件的帮助，而且需要形态设计指标的引导。 我国现行住区标准中仅有"日照时数"等少量面向设计结果的性能评价指标，缺少面向设计过程的形态导控指标。 设计实践中，建筑师需要通过日照模拟反复调整方案以达到日照时数要求；该方法难以满足在设计早期阶段引导方案走向和进行多方案快速比选的决策需求，而复杂、耗时的软件模拟和运算也成为很多建筑师的额外负担。 通过系统分析日照资源利用的形态设计导控机制，构建简明、易操作的形态设计导控指标，不仅可为完善日照获取相关设计标准提供基础数据支撑，而且可为日照获取的相关创新设计实践提供有益的决策引导，因此具有明确的实践意义。

5.住区日照获取、利用设计指标缺乏

日照是人类最重要的气候资源，其在住区不同界面的动态分布情况，不仅限定了住区的主、被动式日照获取潜力，而且影响其整体微气候环境的健康、舒适与活力。 为在住区充分获取和合理利用日照，有必要对住区形态布局进行设计导控。明确设计指标是实现设计导控的关键；然而，我国现行住区标准中日照相关形态设计指标极少，不利于有效引导和帮助建筑师开展相关创新设计实践。 在国家加快推进城镇化建设的大背景下，如何构建城镇住区日照获取相关形态设计指标，是一个亟待系统研究和清晰解答的研究问题。

我国既有人居环境日照获取研究主要集中在建筑单体层面，而住区层面和设计视角下的量化基础研究依然不足。 具体而言，日照在住区不同界面动态分布的量化规律尚不清晰、满足住区不同使用场景下的日照时空差异性需求的设计导控机制尚未充分探明，这是构建前述设计指标的难点，也是目前此类指标缺乏的重要原因。

同时，既有日照资源利用的技术和设计方法研究，在本质上还处于互相分离的两个领域。 从日照资源在住区不同界面微观分布的量化评估入手，将"技术领域"的气候资源利用研究，转化为"设计领域"的形态布局优化研究，有利于充分发挥

"设计" 在日照资源利用中的作用，深化和拓展地域气候资源利用的住区设计理论，具有明显的理论意义。

1.2　日照资源利用设计导控研究的现状

1.2.1　日照资源利用

1. 日照资源利用研究概况

1) 国外研究

国外建筑领域的日照资源利用研究，起始于 20 世纪中后期。 21 世纪以来，随着世界能源、环境和气候变化问题日益严重，相关领域研究发展迅速。 国际能源署发布的研究报告指出，随着全球城镇人口不断增加，城镇住区建筑、绿地、活动场地及太阳能系统所需日照辐射量不足等问题逐渐凸显。 同时，在综合各国对日照资源在建筑、城市和景观等不同层面的利用现状，以及太阳能资源利用在潜力评估、工具方法、指标构建等方面的最新研究进展的基础上，国际能源署明确提出，有必要在建筑、城市和景观等不同层面，继续拓展日照资源利用的既有研究。 以 "solar+community/settlement/urban" 为关键词进行 Web of Science 检索，显示既有文献共有约 2.8 万条，自 1998 年以来相关研究呈现持续增长趋势（图 1-2）。

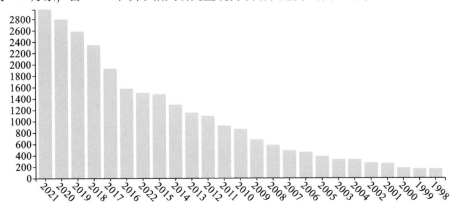

图 1-2　"solar+community/settlement/urban" 主题搜索结果及年度趋势（1998—2022 年）
（来源：Web of Science 检索数据可视化分析截图。）

从日照资源利用的视角来看，研究内容大致可分为日照资源利用的潜力评估，以及建筑采光利用、光热利用和光伏利用等。其中，采光利用研究集中在设计策略层面，包括对光的引入、利用和阻挡（遮阳），同时大量研究集中在自然采光及使用者光环境感受相关内容。例如，Robbins C L 在《自然采光：设计与分析》（Daylighting：Design and Analysis）中，对不同地理区域的商业、工业和住宅建筑采光状况进行了案例研究和模型分析，提出采光的设计和规划概念，采用了日光因子分析法、光通量传递分析法等采光分析方法。Nick V Baker 等在《建筑采光：欧洲参考书》（Daylighting in Architecture：A European Reference Book）中，对建筑采光的发展、采光与人类需求、日照数据、影响采光的设计元素等进行论述，为建筑师提供了设计参考。

光热利用研究包括主动式光热利用研究和被动式光热利用研究两类，其中主动式光热利用研究主要围绕光热利用设备展开，被动式光热利用研究则与建筑设计直接相关，常见方式包括特朗勃墙、直接受益式阳光间、附加阳光间等。光伏利用研究与主动式光热利用研究类似，主要针对光伏技术设备展开。随着光伏、光热利用技术的日臻成熟及其在建筑环境中的大量应用，日照资源利用的相关研究开始向如何更好地使日照资源利用技术设备与建筑设计相结合的方向拓展。

2）国内研究

国内建筑领域的日照资源利用相关研究起始于 20 世纪 70 年代并在 21 世纪快速增长。知网"建筑+太阳能"主题检索结果显示，1980—2022 年相关文献共有约 2.3 万条，文献数量从 2001 年开始大幅提升。其中与建筑设计相关的研究主题包括绿色建筑、建筑节能、建筑设计、节能设计、可再生能源利用、自然通风、节能技术、技能改造等。例如，刘加平将被动式太阳房性能的评价指标分为舒适度指标、节能指标和热特性指标，并给出了应用条件和适用范围；刘艳峰等通过测试发现，在太阳能富集区的南向房间虽然最低温度与其他房间相似，但平均温度明显优于其他房间；冯雅等分析了拉萨被动式太阳能建筑的供暖潜力等。

住区层面日照资源利用研究起步相对较晚。知网"住区+太阳能"主题检索结果显示，相关文献共有 306 条，最早出现在 1999 年（图1-3）。例如，白洋分析了外表面日照辐射强度的分布特点，并通过实验与模拟对住区形态提出了优化策略等。相关研究的发展趋势尚不十分明显。

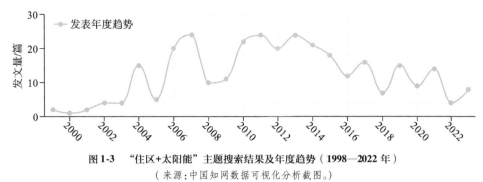

图1-3 "住区+太阳能"主题搜索结果及年度趋势（1998—2022年）

（来源：中国知网数据可视化分析截图。）

2. 日照资源利用的潜力评估

1）国外研究

日照资源利用潜力评估的相关研究在国外起步较早，涉及面较广，积累了较丰富的基础数据和研究成果。英国、德国、美国、澳大利亚、西班牙、日本分别从城市布局、建筑形态，以及技术、经济、环境等视角开展研究，内容涉及日照使用权、建筑立面和屋顶被动式日照获取潜力、紧凑型街区被动式日照获取潜力、城市形态与日照资源可得性关系、热带地区城市形态与日照获取潜力相关性及敏感度分析、地中海地区建筑立面日照获取潜力与城市形态间的定量关系等。

2）国内研究

近年来，我国日照资源利用潜力评估的相关研究已从建筑单体层面逐渐扩展到城镇层面。既有研究涉及城市形态与太阳能可利用度模拟、城市环境中太阳能建筑的规模化应用、城市空间日照获取的潜力评估、住区太阳能潜力预测模型、基于日照获取潜力的住区形态优化、基于机载 LiDAR 点云的城市建筑表面日照获取潜力测算、居住区密度对东部典型城市太阳能潜力的影响分析等。

总之，国内外日照资源利用的潜力评估研究，均已从单体层面逐渐扩展到城镇层面。其中，国外研究起步较早，涉及面较广；我国研究起步较晚，既有成果的广度和深度依然比较有限。

3. 日照资源利用设计的工具方法

1）国外研究

建筑日照资源利用领域的常见研究方法包括定性分析和定量分析。传统的日照辐射分析工具包括航空照片、卫星图像和多尺度激光雷达等，技术花费较高，且仅从日照辐射角度出发，未考虑接受日照辐射的建筑物。

随着欧盟近零能耗建筑目标的提出，定量分析成为日照获取研究的必要内容。新的量化分析工具不断被开发出来，以加强对日照获取设计的决策支持。其中，BIM（building information modeling）、Radiance 等工具、软件的应用为相关研究提供了更加便捷和准确的数据支撑。例如，J Teller 和 S Azar 建立了一套计算机运算系统，从城市设计角度为日照获取提供决策支持。

国际能源署（IEA）研究报告列举了日照获取设计的 2 种图形工具和 17 种数字化模拟工具，包括简单的定性分析工具和复杂的定量分析工具。Nebojsa Jakica 列举分析了近 200 种日照获取的相关辅助设计工具。其中，基于 EnergyPlus 的前端工具 DesignBuilder 可提供采光及能耗分析；日照潜力模拟软件（solar potential software）和集成式能源设计（integrated energy design）工具，可使建筑形态要素与动态环境要素相适应；能量景观（energy landscape）、太阳罩（solar envelope）等方法和工具，可定性、定量分析建筑表面日照辐射量，并以可视化形式呈现能量与建筑形态布局间的逻辑关联；一些算法工具可实现相同地块的多能源综合利用功能。此外，Grasshopper、UrbanSOLve、ArchiWIZARD、DIVA for Rhino、OpenStudio、Autodesk Ecotect 等软件工具，可对建筑表面日照分布进行评估比较。

随着研究重点从建筑单体向城镇层面扩展，更多不同类型的日照分析软件、工具及应用案例不断涌现出来。例如，英国、美国、德国、奥地利、丹麦、瑞典等采用摄影测量法、3D 城市数字模型及无人机等新的方法和工具，制作并提供网上太阳能地图（solar map），定量显示建筑表面日照获取潜力，为相关政策制定提供依据；瑞士 Verge 既有城区研究项目中，通过模拟天空视域因子（sky view factor），从采光、日照和被动式日照获取角度，对高密度城市发展在传统街区的影响进行评价，研究工具包括 Ecotect 太阳轨迹图（sun-path Diagrams）、Daysim RADIANCE 和 ImageJ 软件、Meteotest 的 HORIcatcher 设备、生物气候图、BESTenergy、PVSOL 软件等；丹麦采用 Rhino 软件工具包对日照辐射分布进行模拟评估，利用 DECA（district energy concept adviser）软件在方案设计早期配合太阳能地图（solar map）等评价地域总体日照获取潜力及建筑能耗水平等。

2）国内研究

随着国际相关研究的进展，国内日照资源利用设计中，对新的分析工具和方法亦开始探索和应用，主要体现在以下两个方面。

其一，借助模拟软件进行量化分析。例如：徐燊借助 Grasshopper 平台的 HoneyBee 工具集，模拟计算了太阳能在城市空间分布的强度、界面和时段等信息；陈铭和杨卓琼通过日照模拟探讨了住区外部活动场地的优化设计；陆明等基于高层住区日照时间、天然光获得量和日照辐射量的数值模拟，探讨了住区布局对日照获取的影响；徐亚娟按日照时间及建筑围合度对外部空间进行了划分；白洋和马涛探讨了不同形态建筑表面的日照辐射强度及日照获取潜力和影响因素；李灿模拟分析了哈尔滨高层住区的光伏利用潜力；许亘昱提出了通过日照辐射值估算无遮挡地平面上平均辐射温度的关系式；张晓芳探讨了西安住区户外环境日照分析方法；张先勇等探讨了基于 BIM 的太阳能建筑设计方法等。

其二，借助算法工具进行多目标优化分析。例如，刘凯和林波荣采用 Rhino 和 Grasshopper 软件内置算法，探索了限定地块内在满足日照条件下、最大容积率的建筑排布形式的生成方法等；袁磊等探讨了住区布局在日照、采光、容积率等多目标下自动寻优的模拟方法等。

总之，国外日照资源利用设计中，新的量化分析工具和方法正在不断被开发出来，并在研究及实践中得到越来越多的应用；近年来，国内此类探索也开始起步。

4. 日照资源利用设计的导控指标

1）国外研究

国外人居环境日照资源利用设计的导控指标，大致可分为性能目标类和形态设计类。

其一，性能目标类。例如，日本在 1941 年提出日照时数指标；20 世纪 60 年代采光系数（daylight factor）指标被引入欧洲国家建筑规范；20 世纪 70 年代日照获取权（solar rights）受到关注，此后纽约和旧金山、多伦多等城市相继制定与之相关的法规；21 世纪以来，南欧国家将日照辐射得热量设为强制性指标等。

其二，形态设计类。例如，20 世纪 60 年代窗墙比（window to wall ratio）指标被引入欧洲国家建筑规范；20 世纪 70 年代韩国提出日照间距指标；2017 年 Morgantia 等探讨了日照获取潜力与建筑占地面积、密度、立面密度（facade-to-site ratio）、平均高度、方位系数（aspect ratio）、长宽比等指标的定量关系；瑞士 Verge 既有城区研究项目中采用天空视域因子（sky-view factor, SVF）等指标；2018 年 IEA 报告中探讨了最大建筑高度、最小建筑间距等指标。Christina, Chatzipoulka 在对天空视野因子（SVF）的研究中发现，所有方向 SVF 和年度全球辐照度之间存在强线性关系。

2）国内研究

我国日照资源利用的设计导控指标，同样可分为性能目标类和形态设计类，且此类指标主要出现在既有相关标准规范中。

其一，性能目标类。例如，《被动式太阳能建筑技术规范》JGJ/T 267—2012 中提出日照时数、被动式太阳能采暖室内计算温度指标；《太阳能利用与建筑一体化技术规程》DB62/T 25-3062—2012 中提出日照时数指标；《绿色建筑评价标准》GB/T 50378—2019 中提出采光系数指标；《严寒和寒冷地区居住建筑节能设计标准》JGJ 26—2018 中提出遮阳系数、日照辐射修正系数等指标；《民用建筑热工设计规范》GB 50176—2016 中提出遮阳系数、日照辐射吸收系数、太阳得热系数、日照辐射投射比与反射比等指标；《城市居住区规划设计标准》GB 50180—2018 中提出日照时数指标；《绿色住区标准》T/CECS-CREA 377—2018 中提出日照时数、日照时效、采光系数等指标。此外，刘加平将被动式太阳房性能的评价指标分为舒适度指标、节能指标和热特性指标，并给出了应用条件和适用范围。

其二，形态设计类。例如，《被动式太阳能建筑技术规范》JGJ/T 267—2012 中提出采光房间进深与窗上缘至地面距离间的倍数关系、南向集热窗的窗墙面积比、附加阳光间朝向等指标；《太阳能利用与建筑一体化技术规程》DB62/T 25-3062—2012 中提出屋面坡度指标；《绿色建筑评价标准》GB/T 50378—2019 中提出可调节遮阳设施面积占外窗透明部分比例指标。有文献探讨了太阳能富集区建筑等效体形系数概念；早期的《城市居住区规划设计规范》GB 50180—1993 中提出日照间距系数指标；最新《城市居住区规划设计标准》GB 50180—2018 中提出日照阴影线范围之外的绿地面积指标；部分城市规划部门采用高层居住建筑退界距离指标等。此外，刘煜等从日照利用设计视角，提出"建筑冬季日照体形系数指标"等。

总之，国内外日照资源利用设计的导控指标，可分为性能目标类和形态设计类。目前，国内性能目标类指标较多，形态设计类指标很少，住区层面形态设计类指标依然不足。

5. 我国西部太阳能富集区日照资源利用研究

我国西部高原属于日照资源富集区，该地区日照资源利用研究起步较早且持续进行。既有研究涉及太阳能资源、被动式太阳能、太阳能建筑、围护结构、节能设计、采暖能耗分析等方面（图1-4）。

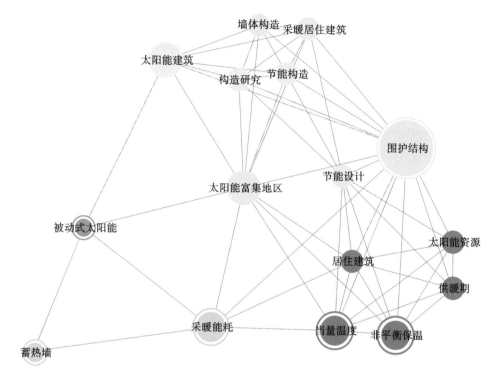

图 1-4　关键词共现网络分析——主题：太阳能富集区
（来源：基于中国知网相关数据整理。）

既有相关研究包括：20 世纪 70 年代开始被动式太阳房建设；1986 年陈昌毓、余优森等进行了甘肃省太阳能资源及其区划研究；1989 年徐渝江开展了川西高原山地太阳能资源及热水器利用研究；2000 年王德芳等介绍了甘肃省科学院自然能源研究所研发的被动式太阳房热工计算设计软件；2008 年李恩通过现场测试、典型年气象数据分析、外墙传热计算、软件模拟等，分析了拉萨地区日照辐射影响下的非平衡保温方法及相关外墙构造；2009 年喜文华提出西部沙区居民小区及村镇构建太阳能、风能综合应用分布式能源发展模式；2010 年朱飙等进行了甘肃省太阳能资源评估分析，刘艳峰等以拉萨为例探究了朝向、外窗等因素对室内环境的影响规律；2011 年张宁分析了呼和浩特市集合住宅被动式太阳能采暖设计策略，桑国臣、刘加平针对太阳能富集地区居住建筑外墙构造特点和室外综合温度条件，开展了拉萨地区采暖居住建筑非平衡保温节能墙体构造研究；2014 年徐平等进行了甘肃省被动式太阳能建筑设计气候分区探讨；2015 年齐锋等进行了青海省被动式太阳能建筑采暖气候区划探讨；2018 年范蕊等分析了西部高海拔地区空气式蓄能型太阳能采暖系统的特性，崔玉等探讨了太阳能热泵在西部高海拔地区的应用等。

此外，设计视角下西部地区日照资源利用的最新研究成果包括：西北工业大学国际合作"可持续建筑与环境"研究团队牵头主编的《城镇居住建筑太阳能利用设计评价标准》DB62/T 3179—2020、指导学生完成的西宁市城镇住区形态布局对日照获取潜力的影响研究、兰州城市住区建筑日照获取的设计导控研究、以太阳能利用为核心的拉萨城市住宅方案阶段性能优化设计研究等，以及西安建筑科技大学张昊对拉萨城市集合住宅日照辐射利用与住区布局的关联性分析、冯智渊基于日照辐射热效应规律的集合住宅贯通空间设计模式研究等。

总之，西部太阳能富集区的日照资源利用相关研究起步较早，既有研究集中在太阳能资源评估、被动式太阳房和太阳能技术等方面，设计视角下的日照资源利用研究成果依然有限。

1.2.2　建筑设计导控研究

1. 建筑设计导控研究概况

1）国外研究

国外设计导控研究起始于 20 世纪后期，通常针对建筑设计的早期阶段（early design stage）或称前期阶段（preliminary design stage），内容包括采光、能耗、设计策略、设计流程等。例如，James G Doheny 和 Paul F Monaghan 针对建筑设计早期阶段能耗，通过编程分析方法提出可能的空间设计解决方案，关注布局、朝向等对日照、风环境等的影响；Laura Bellia 和 Francesca Fragliasso 针对采光与能耗的关系，提出精确的评估方法，探讨了设计早期阶段预测采光能效并进行经济性对比分析的方法。

近年来，多目标优化、可视化分析、大数据等新的工具和方法得到探索应用。例如，Rahman Azari 等利用多目标优化算法，针对低层办公建筑分析了全生命周期能耗等诸多因素影响下的最佳围护结构设计；Marco Scherz 等提出了逐步递进的管理方法，将相互关联的设计标准可视化，帮助决策者在设计早期阶段做出适宜判断以减少后期风险；Martin Röcka 等提出以 BIM 为概念模型的可视化脚本工作流，对各种可能的施工选项进行测试，进而为相关早期设计决策提供支持。

随着社会经济发展、城市人口增多、建造科技水平提升等，高密度城镇和高层建筑成为近年来新的研究热点。例如，Vincent J L Gan 等基于软件模拟对高层住宅节能布局进行了优化设计分析，提出一种基于软件模拟的优化设计方法，利用进化遗传算法系统探索了基于性能的高层住宅布局规划优化设计方法等。

2）国内研究

基于中国知网，以"导控"为主题词，在建筑科学与工程分类中进行检索，得到412篇文献。关键词共现网络分析结果显示，导控相关研究大多关注城市设计层面，少数文献在建筑层面开展了相关研究，主要涉及城市设计、城市空间、指标体系、绿色建筑设计及评价等领域（图1-5）。

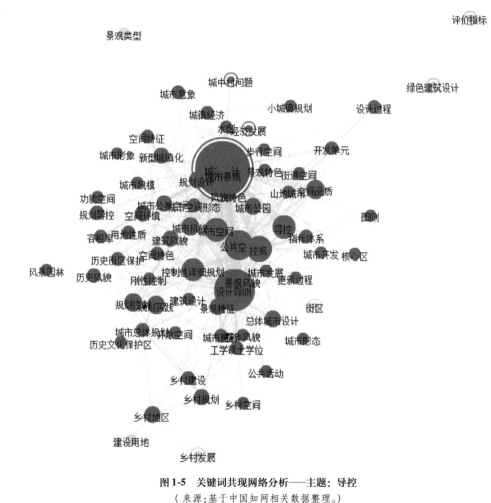

图1-5 关键词共现网络分析——主题：导控
（来源：基于中国知网相关数据整理。）

以"设计导控"为主题词，在建筑科学与工程分类中进行检索，得到367篇文献，最早见于2002年，从2012年开始呈现逐年增长的趋势。近年来，学术界针对绿色建筑方案设计阶段的过程导控与评价开展了一定研究。 例如：夏海山和姚刚提出了基于过程性评价模式的导控体系框架；褚冬竹等探讨了设计生成与评价的一体化机制；杨鸿玮和刘丛红探讨了数字模拟如何在方案设计阶段的建筑布局、体量构成、室外环境、建筑细部等层面发挥导控作用等。 近年来，在性能和目标驱动下的参数化设计，为绿色建筑方案设计阶段导控探索了新的思路和方法。 例如，李紫微等探讨了参数化性能优化方法在设计中的应用，提出了性能导向的参数化设计流程；孙澄和韩昀松从数形关联、多性能指标优化和设计评价一体化等方面解析了寒冷气候区低能耗公共建筑空间性能驱动设计体系的技术特征等；Shen Li Yin 等基于数据挖掘和实例推理方法，为建筑设计师借鉴类似绿色建筑案例中的成功经验、提高设计有效性和适用性探索了新的途径；Eleftheria Touloupaki 和 Theodoros Theodosiou 梳理了近十年三维性能模拟辅助工具在设计初期阶段方案优化方面的应用，认为其在提升建筑性能方面具有极大潜力，同时仍有很多困难需要克服，因此有必要开展更加系统深入的研究。

总体上，既有研究涉及导控的体系、机制、流程、软件、平台和辅助工具等多个方面；然而，关于"如何构建适合建筑师使用、贴合其思维特征和决策需求的、建筑方案设计阶段导控指标"的问题，仍未得到系统分析和充分解答。

2. 建筑设计导控的研究视角

既有建筑领域设计导控研究多从较宏观的视角入手。 例如：姜敏、黎柔含以村落为研究对象，探究导控对乡村设计的影响；樊钧等基于多源城市数据的整合分析，对街道慢行品质提出了导控策略，实现了对"慢行品质"的细分度量。

导控研究也可从相对微观的层面展开。 例如，夏海山和姚刚提出一种支撑建筑生态化设计的评价导控模式，导控指标以技术引导型评价指标的形式呈现；李冬分析了绿色建筑设计导控的宏观需求，通过探讨评价指标在设计导控中的作用，将评价、设计、导控三者联系起来；李紫微探讨了参数化性能优化方法在办公建筑和住区设计中的应用，提出性能导向的参数化设计流程；本书作者刘煜提出构建方案设计阶段导控指标的三条基本原则，提出导控指标的"作用距离""操作时间"和"作用位置"概念，并对既有标准、规范中建筑专业相关指标进行了提取和归类分析，对方案设计阶段导控指标的转化和构建提出了路径建议。

3. 建筑设计导控的文献类型

既有建筑设计导控相关文献多以工具书或标准、规范的形式呈现，例如，Baker

Nick 和 Steemers Koen 的《建筑中的能源与环境：设计技术导控》（*Energy and Environment in Architecture：a Technical Design guide*）、Robert Cowan 的《城市设计导控：城市设计框架、发展纲要和总体规划》（*Urban Design Guidance：Urban Design Frameworks，Development Briefs and Master Plans*）、Ryan E Smith 的《装配式建筑：模块化设计和施工指南》（*Prefab Architecture：a Guide to Modular Design and Construction*）、Thomas Hootman 的《零能耗设计：商业建筑指南》（*Net Zero Energy Design：a Guide for Commercial Architecture*）等，内容涉及建筑的不同类型与领域。导控类工具书的内容多包含设计策略，如《建筑中的能源与环境：设计技术导控》从低能耗策略、热舒适、供暖、防热、采光、通风、被动式、能耗体系等方面详细介绍了设计过程中需注意的问题及推荐策略。此类文献的导控约束力较弱，但可以为建筑师的设计策略选择提供参考。

具有较强设计导控约束力的文献，主要涉及城镇建筑设计领域相关标准、规范、规程等。我国既有城镇住区日照、太阳能相关标准、规范、规程示例见表 1-1。

表 1-1　我国城镇住区日照、太阳能相关标准、规范、规程示例

	设计类		评价类	
	名称	编号	名称	编号
总体	被动太阳能建筑技术规范	JGJ/T 267—2012	太阳能资源评估方法	QX/T 89—2018
热水	民用建筑太阳能热水系统应用技术标准	GB 50364—2018	太阳能资源测量　直接辐射	GB/T 33698—2017
	平板太阳能热水系统与建筑一体化技术规程	CECS 348：2013	太阳能资源测量　散射辐射	GB/T 33699—2017
	家用太阳能热水系统储水箱技术要求	GB/T 28746—2012	太阳能资源测量　总辐射	GB/T 31156—2014
热泵	民用建筑太阳能空调工程技术规范	GB 50787—2012	太阳能资源等级　总辐射	GB/T 31155—2014
	空气源热泵辅助的太阳能热水系统（储水箱容积大于 0.6 m³）技术规范	GB/T 26973—2011	民用建筑太阳能热水系统评价标准	GB/T 50604—2010

设计类		评价类	
名称	编号	名称	编号
建筑光伏系统应用技术标准	GB/T 51368—2019		
光伏 太阳能光伏玻璃幕墙电气设计规范	JGJ/T 365—2015		
太阳能光伏发电系统与建筑一体化技术规程	CECS 418：2015		

1.3　设计导控的指标构建

1.3.1　导控指标的构建需求

自 2022 年 4 月 1 日起，《建筑节能与可再生能源利用通用规范》GB 55015—2021 正式实施，该规范明确提出"新建建筑群及建筑的总体规划应为可再生能源利用创造条件""新建建筑应安装太阳能系统"等日照资源利用相关规定。如何通过建筑单体及群体的形态布局设计为其可再生能源利用（包括被动式光热利用、主动式光热利用、主动式光伏利用等）创造最佳前提条件，成为必须关注和回答的研究问题。

如前所述，我国现有日照获取、利用相关设计指标大多为性能目标类，而形态设计类指标极少。建筑师在进行住区及建筑的形态布局设计时，只能基于经验进行判断和选择。在具体项目实践中，建筑师很可能由于经验不足或对项目所在地情况不熟悉等原因，导致设计结果不够理想。实践证明，形态设计类导控指标，特别是简明直观的量化指标（如体形系数、窗墙比等），可以对方案设计走向起到有效的引导和控制作用。为帮助建筑师在日照资源利用设计中发挥更加积极主动的作用，有必要研究如何构建适合建筑师使用的方案设计阶段导控指标。

1.3.2　导控指标的构建原则

构建适合建筑师使用的方案设计阶段导控指标，宜遵循以下三条基本原则。

①目标关联。 没有明确的设计目标，导控就失去了意义。 因此，导控指标与方案设计预期目标之间，必须具有明确的逻辑关联。

②决策关联。 导控的目的是指导设计决策，因此导控的指标点与设计的决策点之间，同样需要具有明确的逻辑关联。

③快速判断。 如果指标判断耗时过长，会直接影响设计思维的连续性，因此方案设计阶段的导控指标，必须能够快速判断。

1.3.3　导控指标的相关概念

为构建符合上述基本原则的导控指标，需要注意以下三个概念。

1）指标的"作用距离"

"作用距离"是一个抽象概念，可理解为导控指标与设计决策之间逻辑关联的复杂程度。 例如，当导控指标是"节能量"，而设计决策是"平面形状"时，两者之间逻辑关联非常复杂，该指标的"作用距离"就很长；如果将导控指标改为"体形系数"，其与"平面形状"之间的逻辑关联相对简单，指标的"作用距离"就缩短很多。

2）指标的"操作时间"

"操作时间"是指完成指标判断所需要的时间，由操作步骤的多少和完成每个步骤的难易程度共同决定。 例如，"朝向"指标可直接判断，因此其操作时间最短；"窗地比"及"体形系数"指标操作步骤少且操作简单，因此操作时间较短；"场地风环境"指标判断的操作步骤多且复杂，因此操作时间很长。 要构建可快速判断的导控指标，应尽量减少指标判断的操作步骤和复杂程度，以尽量缩短其操作时间。

"操作时间"与"作用距离"概念密切相关。"作用距离"较短的指标，其"操作时间"通常也相对较短。 基于"作用距离/操作时间"概念，可以将导控指标大致分为三类。 A类：指与决策点之间逻辑关联简单明确、可以直接判断的指标，其作用距离/操作时间最短。 B类：指与决策点之间逻辑关联较简单、仅需简单计算或查阅少量资料即可判断的指标，其作用距离/操作时间一般。 C类：指与决策点之间逻辑关联复杂、需经软件模拟或复杂计算或查阅大量资料才能判断的指标，其作用距离/操作时间最长（图1-6）。为在指标判断过程中尽量保持设计思维的连续性，应尽量构建可快速判断的 A 类、B 类指标。

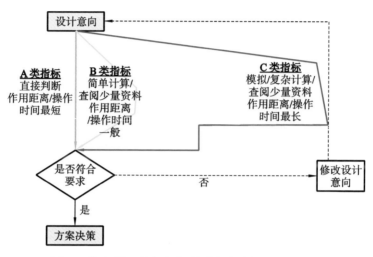

图1-6 基于"作用距离/操作时间"概念的指标分类示意图

3）指标的"导控位置"

"导控位置"是一个抽象概念，是指指标在设计意向形成过程中发挥导控作用的相对位置。基于"导控位置"概念，可以将指标的导控方式分为三类。①前置导控，指在设计意向形成之前，对方案的预期走向进行指标判断的导控方式，相关指标包括朝向、色彩、材料可见光反射比等。②跟随导控，指在设计意向形成之后，对指标进行判断和反馈的导控方式。这是现行建筑设计中最常见的方式，相关指标包括体形系数、窗墙比、窗地比等。③伴随导控，指在设计意向形成过程中，对指标进行即时判断和反馈的导控方式。相关指标与前述跟随导控的指标相同，不同之处在于指标判断与设计同步进行，一般需要集成化模拟软件的支撑。具体见图1-7。

1.3.4 导控指标的构建路径

1）"目标关联"的指标构建

既有设计标准、规范中已明确提出了日照获取的性能指标或设计目标；方案设计阶段的导控指标，可将其作为基础和起点进行构建，进而形成"目标关联"的导

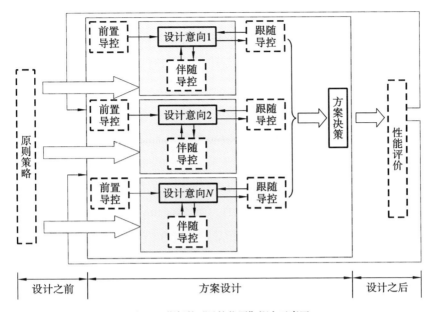

图 1-7　指标的"导控位置"概念示意图

控指标。

如前所述，国内外针对性能目标导向下的设计方法已有不少研究，包括借助性能模拟、参数化分析和遗传算法等辅助设计工具达到性能目标的方法等。例如刘凯、林波荣探讨了方案设计阶段，以特定建筑性能为目标函数，通过软件内置遗传算法获得最优方案的设计方法；李紫微提出在方案初期以性能目标引领设计，将天然采光、自然通风、热舒适性、能量需求等作为目标函数的设计方法等。此类研究为"目标关联"的方案设计阶段导控指标构建提供了研究基础和路径参考。

2)"决策关联"的指标构建

为贴近建筑师决策行为、便于建筑师理解和使用，应构建作用距离较短、"决策关联"度较高的导控指标。既有日照资源利用相关标准、规范中 C 类指标较多。该类指标作用距离很长，如将其转化为构建方案设计阶段的导控指标，必须设法缩短其作用距离、提高其"决策关联"度。例如，针对《绿色建筑评价标准》GB/T 50378—2019 中"8.1.1 建筑规划布局应满足日照标准，且不得降低周边建筑的日照标准"的性能指标，应明确方案设计中哪些具体的决策点（如朝向、间距、形态、高度等）与之具有逻辑关联；理清每个决策点与所述性能指标具有怎样的逻辑关联，以形成概念清晰的逻辑链条；构建出与相关决策点具有直接逻辑关联的导控指标。

3)"快速判断"的指标构建

"快速判断"的指标，即操作时间较短的指标。既有标准、规范中 C 类指标操作时间很长，如将其转化为构建方案设计阶段的导控指标，可通过以下途径尝试缩短其操作时间。

路径1：将性能模拟功能集成到辅助设计软件中，使指标判断结果随设计进展即时、快速呈现。该途径针对需要经过大量软件模拟才能判断的 C 类指标进行转化构建。现有住区、建筑方案设计中，大多采用"后置导控（设计之后进行模拟验证）"形式，建筑师需要通过不断试错的方式逐步积累经验和改进方案。将高效环境性能模拟软件集成到常用辅助设计软件（如 SketchUp）中，并使模拟计算结果跟随方案进展即时、快速呈现，可将"后置导控"变为"伴随导控"，大大缩短指标操作时间，从而使 C 类指标转变为可快速判断的 A 类、B 类指标。

近年来，性能目标驱动下的参数化辅助优化设计已成为一个较活跃的研究领域，相关成果正逐步用于实践。例如诺曼·福斯特在伦敦市政厅方案设计中，为达到使太阳直射量最小的性能目标，基于软件模拟结果，对简化的方案形体和曲面变化，进行建筑高度、宽度、倾斜度等参数的微调，最终生成既符合性能目标又具有视觉美感的设计方案。需要注意的是，由于方案设计阶段（特别是早期阶段）建筑形体还比较粗略，所能提供的设计参数非常有限且可变因素很多，因此模拟/计算软件必须能够在有限的已知参数条件下进行有指导意义的快速判断，这对相关软件开发提出了较大挑战。

路径2：将相关基础数据库集成到辅助设计软件中，使指标判断结果伴随设计进展即时、快速呈现。该途径针对需要查阅大量基础数据资料才能判断的 C 类指标进行转化构建。通过准确收集和科学分析相关基础数据资料（如地理、气候数据等），并使分析结果随方案进展即时、快速呈现，可大大缩短指标的操作时间，从而使 C 类指标转变为可快速判断的 A 类、B 类指标。国内外在该方向已开展大量研究，在 BIM 等集成化平台支撑下，各种数据信息正在不断补充、完善并集成到辅助设计软件之中。例如，通过 Grasshopper 的 Ladybug 等插件可以链接到温度、湿度、日照辐射等基础气象数据库，因而可对设计方案的气候相关性能指标（如日照指标等）进行快速判断，并在 Rhino 中进行可视化呈现。

路径3：基于性能评价指标与方案设计决策点之间的逻辑关联分析，构建提出新的导控指标。该途径面对广大建筑师的方案设计需求，力图构建简明、易懂且不依赖软件模拟即可快速判断的前置、伴随类导控指标。 如前所述，既有绿色建筑标准、规范中已包含此类指标（如朝向、体形系数、窗地比、窗墙比等），但其数量十分有限。 因而构建出新的、具有普适意义的方案设计阶段的前置、伴随类导控指标，需要开展大量前期基础研究，目前相关研究成果尚不多见。

本书研究团队在"十三五"国家重点研发计划项目、国家自然科学基金面上项目、国家自然科学基金青年项目等重要科研项目支持下，针对此类指标构建取得一定研究成果，本书后续章节是对其中部分成果的系统梳理和呈现。

第2章

西部高原典型城镇住区现状调研

2.1 兰州市住区现状调研

随着城镇人口不断增长，城镇住区发展趋向更加集中，住宅建筑趋向高层。因此本研究主要针对高密度城镇住区及高层住宅进行调研，同时对少量多层住宅进行补充调研和对比分析。首先通过网络平台收集相关信息，结合实景地图、卫星地图等对相关数据信息进行搜索、整合分析；在此基础上，选取典型住区进行实地调研。

2.1.1 网络数据分析

网络数据调研的主要内容包括：筛选城区范围内既有住区，确定住区边界，明确其中住宅类型（板式、点式），并进行相关数据统计。基于数据获取及分析需要，对百度地图、高德地图、腾讯地图、谷歌地图、Openstreet Map 等地图软件进行对比分析，发现百度地图包含了较为清晰的卫星图、路网图、建筑轮廓图，可以利用实景功能核对建筑高度，更加符合研究所需，因此后续分析采用 2019 年 4 月百度地图获取的卫星图和实景地图，利用地图显示图像内容及相关信息进行数据整理分析。

首先，基于卫星图观察，确定兰州市建筑密集区域范围（见图 2-1）；其次，结合实景地图对所选范围内高层建筑的住区进行辨识，对满足条件的住区进行选取并标识轮廓（见图 2-2）；再次，对所选住区中的每一栋建筑进行分类识别和标注，用"▬"代表板式建筑、"●"代表点式住宅（见图 2-3）。

对住区布局类型和建筑类型进行分类统计，得到高层住区 264 个，其中点式住宅组成的住区 43 个、板式住宅组成的住区 44 个、点式与板式住宅结合的住区 177 个（见图 2-4，表 2-1）。可以看出，点式与板式结合，是当地住区的主要建筑布局形式，该布局有利于结合板式与点式住宅的优点，尽可能充分利用土地，在满足日照的情况下将住区容积率做到最大。

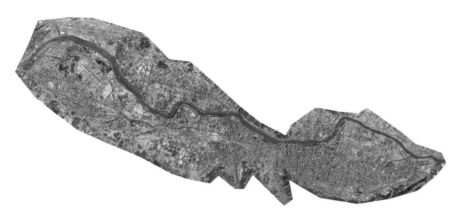

图 2-1　兰州市建筑密集区域范围

（来源：底图来自百度地图卫星图。）

图 2-2　兰州市住区筛选

（来源：底图来自百度地图卫星图。）

图 2-3　兰州市住区轮廓及建筑类型标识

（来源：底图来自百度地图卫星图。）

点式住区

板式住区

点式&板式住区

图 2-4　兰州市住区分类

表 2-1　兰州市住区分类统计

类型	点式	板式	点式&板式	共计
典型小区				
抽象图形				
计数	43	44	177	264

　　从住区形态布局来看，主要包括行列式、单排式、围合式、扇形式。兰州市住区布局形态分类统计见图 2-5。行列式布局的主要特征表现为：在相对垂直的两个水平维度上按规律排列，在典型行列式（棋盘网格式）基础上又有水平错动式和垂直错动式的拓展类型。单排式布局也可以看作是特殊的行列式，由于在统计中较为多见且与典型行列式布局在遮挡关系上略有区别，故将其单独列为一个类型。围合式布局的主要特征表现为：外部一圈呈明显的线性排列、内部排列逻辑与外部不同，在典型的双面围合式基础上，又有三面围合式与全围合式的拓展类型。扇形式布局的主要特征表现为：每栋建筑底层中心连线呈弧形，且每排弧线呈水波纹状放样展开。兰州市住区典型形态布局的实景图、抽象图及数量统计详见表 2-2。

行列式
围合式
扇形式
单排式

图 2-5　兰州市住区布局形态分类统计示意图

（来源：底图来自百度地图卫星图。）

表 2-2　兰州市住区典型形态布局及数量统计

类型	典型布局实景	典型布局抽象形态			数量
行列式		棋盘网格式	水平错动式	垂直错动式	135
单排式		水平单排式	垂直单排式		39
围合式		双面围合式	三面围合式	全围合式	86
扇形式		扇形式			4

2.1.2 住区实地调研

实地调研主要在兰州新区进行，对象包括众邦金水湾、盛达公馆、银滩雅苑、阳光怡园和格兰绿都等常规小区；同时也对老城区的其他小区和部分高层住宅进行补充调研。

1）众邦金水湾

众邦金水湾小区地处兰州新区核心位置，占地65亩（1亩≈666.67 m^2），建筑面积 $18.6 \times 10^4 \, m^2$，共1224户（见图2-6、图2-7）。

图2-6 众邦金水湾小区鸟瞰图
（来源：课题组无人机拍摄。）

图2-7 众邦金水湾小区平面图

该小区共有6栋建筑，其中1#、2#为商住楼（1、2层为沿街商铺，3层及3层以上为点式住宅），3#~6#为板式住宅。 东西方向楼间距分别为8 m、11 m、24 m、27 m，南北方向楼间距最小为10 m、最大为80 m。 其中，点式住宅面宽为32 m、进深为22 m，面宽进深比约为1.45；板式住宅面宽约72 m，进深为19~21 m，面宽进深比为3.43~3.79（见表2-3）。 点式住宅形体有较多凹凸变化。

表2-3 众邦金水湾小区各楼宇面宽与进深

楼号	面宽/m	进深/m	面宽/进深	楼号	面宽/m	进深/m	面宽/进深
1#1~3	32	22	1.45	4#	72	19	3.79
2#1~4	32	22	1.45	5#	72	21	3.43
3#	72	19	3.79	6#	72	21	3.43
						平均	2.24

2）盛达公馆

盛达公馆小区位于银滩黄河大桥以西，占地面积约 7.9×10^4 m²、容积率 3.50、绿化率 12%（见图 2-8、图 2-9）。

图 2-8　盛达公馆小区平面图

图 2-9　盛达公馆小区模型—东南视角

该小区由 12 栋建筑组成，其中 9 栋为板式住宅，3 栋为点式公寓。 东西方向楼间距最小为 30 m，最大为 55 m；南北方向楼间距最小 38 m、最大 63 m。 其中，点式公寓面宽为 27～33 m、进深为 16～28 m，面宽进深比为 1.15～1.93；板式住宅面宽为 53～68 m、进深为 13～23 m，面宽进深比为 2.83～4.55（见表 2-4）。

表 2-4　盛达公馆小区各楼宇面宽与进深

楼号	面宽/m	进深/m	面宽/进深	楼号	面宽/m	进深/m	面宽/进深
1#	31.5	16.3	1.93	7#	54.9	17.7	3.10
2#	67.6	18.8	3.60	8#	54.9	17.7	3.10
3#	64.5	22.8	2.83	9#	62.8	13.8	4.55
4#	64.5	22.8	2.83	10#	53.7	16.4	3.27
5#	54.9	17.7	3.10	11#	27	16.4	1.65
6#	54.9	17.7	3.10	12#	32.1	28	1.15
						平均	2.85

3）银滩雅苑

银滩雅苑小区东邻银滩大桥，南邻黄河湿地公园，占地 135 亩，建筑面积 36×10^4 m²，容积率 3.1，总户数 2181 户（见图 2-10～图 2-12）。

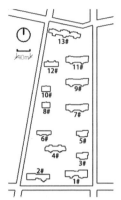

图2-10　银滩雅苑小区鸟瞰图　　　　图2-11　银滩雅苑小区实景图　　　图2-12　银滩雅苑小区
　　　　　　　　　　　　　　　　　　　　　　　　　　　　　　　　　　　　平面图

　　该小区共有13栋住宅，其中9栋为板式住宅、4栋为点式住宅；板式住宅中，两栋由一个单元组成、一栋由三个单元组成，其余均由两个单元组成。 东西方向楼间距最小为14 m，最大为74 m；南北方向楼间距最小为25 m，最大为59 m。 点式住宅面宽为26～35 m，进深为16～19 m，面宽进深比为1.63～1.84；板式住宅面宽为43～95 m，进深为13～23 m，面宽进深比为2.69～4.13（见表2-5）。

表2-5　银滩雅苑小区各楼宇面宽与进深

楼号	面宽/m	进深/m	面宽/进深	楼号	面宽/m	进深/m	面宽/进深
1#	67	23	2.91	8#	43	16	2.69
2#	35	19	1.84	9#	26	16	1.63
3#	35	19	1.84	10#	26	16	1.63
4#	66	22	3.00	11#	43	13	3.30
5#	66	22	3.00	12#	63	22	2.86
6#	66	22	3.00	13#	68	22	3.09
7#	95	23	4.13			平均	2.69

　　4）阳光怡园

　　阳光怡园小区位于银滩大桥以西，众邦金水湾小区西南侧。 建筑类型包括多层、高层，建筑面积31×10⁴ m²，建筑密度20%，绿化率35%，容积率3.5（见图2-13～图2-15）。

图2-13 阳光怡园小区正门实景图

图2-14 阳光怡园小区鸟瞰图

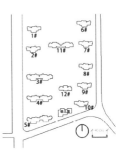
图2-15 阳光怡园小区平面图

该小区由12栋高层住宅组成,均为板式,采用围合式布局。 东西方向楼间距最小为15 m,最大为56 m。 南北方向楼间距最小为35 m,最大为109 m。 住宅形体有明显凹凸变化,面宽为33~67 m,进深为13~21 m,面宽进深比为2.25~4.61(见表2-6)。

表2-6 阳光怡园小区各楼宇面宽与进深

楼号	面宽/m	进深/m	面宽/进深	楼号	面宽/m	进深/m	面宽/进深
1#	66.7	20.6	3.24	8#	36.5	16.2	2.25
2#	66.7	16.4	4.07	9#	36.5	16.2	2.25
3#	66.7	16.4	4.07	10#	36.5	16.2	2.25
4#	36.5	16.2	2.25	11#	33.8	13.5	2.50
5#	36.5	16.2	2.25	12#	36.5	16.2	2.25
6#	65.5	14.2	4.61				
7#	36.5	16.2	2.25			平均	2.85

5)格兰绿都

格兰绿都小区位于七里河区林家庄,建筑面积$32×10^4$ m²,共计3010户,容积率3.5,绿化率35%(见图2-16、图2-17)。

该小区由17栋高层住宅组成,其中9栋为板式、8栋为点式。 除一栋为11层、17层、22层并体住宅外,其余均为32层的高层住宅。 东西方向楼间距最小为35 m,最大为60 m;南北方向楼间距最小为15 m,最大为53 m。 点式住宅形体有

图 2-16 格兰绿都小区鸟瞰图

图 2-17 格兰绿都小区平面图

明显凹凸变化，面宽为 30～32 m，进深为 16～22 m，面宽进深比为 1.45～1.88；板式住宅面宽为 30～60 m，进深为 14～18 m，面宽进深比为 2.13～3.71（见表 2-7）。

表 2-7 格兰绿都小区各楼宇面宽与进深

楼号	面宽/m	进深/m	面宽/进深	楼号	面宽/m	进深/m	面宽/进深
1#	32	20	1.60	10#	34	16	2.13
2#	32	20	1.60	11#	55	18	3.06
3#	32	20	1.60	12#	52	14	3.71
4#	32	20	1.60	13#	32	20	1.60
5#	60	17	3.53	14#	32	20	1.60
6#	32	22	1.45	15#	30	14	2.14
7#	60	17	3.53	16#	30	14	2.14
8#	30	16	1.88	17#	51	14	3.64
9#	34	14	2.43			平均	2.31

6）其他小区高层住宅楼

兰州市新老城区发展有明显差别，老城区发展相对滞后，虽然主要干道周边建设比较完善，但仍存在城中村等有待更新的片区。对兰州市老城区的调研，主要沿拱北沟路由北向南进行，沿路经过宝丰公馆、东府嘉苑、源江嘉苑、上西园、仙客来金源、上嘉苑、春湖苑等小区，对这些小区的规模、建筑类型、层数、楼间距等进行调研统计，详见表 2-8。

表 2-8 其他小区高层住宅补充调研数据

名称	小区规模	建筑类型	层数	楼间距	实景图
宝丰公馆	2 栋	板式	32	12 m	
东府嘉苑	1 栋	点式	33	72 m	
源江嘉苑	1 栋	点式	34	16 m	
上西园	2 栋	板式	27	12 m	

名称	小区规模	建筑类型	层数	楼间距	实景图
仙客来金源	1 栋	点式	35	35 m	
上嘉苑	1 栋	板式	32	12 m	
春湖苑	1 栋	点式	32	9 m	

2.1.3　日照影响调研

在明仁花苑小区的实地走访中发现，小区居民日常活动与日照情况存在明显相关性。例如，冬季下午 4 点左右，小区内小广场及周边均有日照，广场内约有 60 人，以老人和小孩为主，老人多选择坐在长椅上晒太阳、小孩在周边玩耍；下午 4 点 40 分，由于南侧建筑阴影移动、广场上已无日照，老人与小孩纷纷离开，仅剩 20 人左右。仅 40 分钟时间差异，可明显感受到有无日照辐射带来的体感温度变化（见图 2-18）。

| 16：00 | 16：40 |

图2-18　明仁花苑小区内小广场实景图

（来源：作者摄于2019年11月3日。）

为进一步调研日照辐射对当地的影响，使用无人机对兰州市部分高层建筑外立面与屋顶进行热成像数据的采集，结果如表2-9所示。立面热成像图显示出阴影区与日照直射区的区别，两者之间交界线明显。日照直射区建筑外表面温度明显高于阴影区，且不同立面朝向的外表面温度不同。屋顶热成像图同样显示，日照直射区温度明显高于阴影区。

表2-9　兰州市部分高层建筑实景及表面热成像图

立面	实景图			
	热成像图			
屋顶	实景图			
	热成像图			

（来源：由课题组无人机拍摄。）

总体而言，兰州市住区建筑以板式与点式相结合为主，点式相对较多。布局以围合式和行列式为主，个别小区存在扇形式布局。调研统计数据显示，既有板式住宅面宽平均为 62 m、进深平均为 19 m、面宽进深比约为 3.36；点式住宅面宽平均为 33 m、进深平均为 19 m，面宽进深比约为 1.76，楼间距基本能满足相关标准规范要求。

此外，红外热成像图显示，日照辐射对住宅有明显作用。实地观察显示，接受日照辐射是当地居民日常生活的重要部分，提高建筑获取日照辐射潜力在当地具有显著现实意义。

2.2 西宁市住区现状调研

2.2.1 住区现状调研

1）住区分布

针对建筑数量庞大、分布广泛、情况复杂的城镇地区，Christina Chatzipoulka 等人于 2018 年提出通过几何分析和直接观察来提取城镇形态典型样本的方法，其主要原则为：保证城镇结构的连续性、覆盖不同的建筑密度、包含不同的代表性布局等。

参照该方法，在西宁市城市住区选取 120 个具有代表性的小区，其中城西区、城东区、城中区、城南区、城北区分别选取 40 个、40 个、10 个、15 个、15 个。对其形态布局进行归类分析，结果显示：住宅朝向方面，南偏西最多，占 74%；正南及南偏东较少，分别占 11% 和 15%。建筑单体平面形状方面，矩形最多，占 78%（见图 2-19、图 2-20）。

对占比最大的矩形住宅做进一步归类分析，结果显示：住宅平面长度变化范围为 40～100 m，其中以 50～60 m 最多，其次是 40～50 m；宽度变化范围为 9～16 m，其中以 11～12 m 最多；基底面积变化范围为 369～1509 m²，以 597～711 m² 最多；长宽比变化范围为 2.7～11.1，其中以 4.1～5.5 最多。

行列式、围合式和点式是西宁市住区布局的主要类型，其中行列式布局占比最大，为 73%，围合式和点式占比分别为 15%、11%（见图 2-21）。由于行列式占比较大，在前述统计基础上，进一步分析了行列式布局的具体类型，结果显示：行列

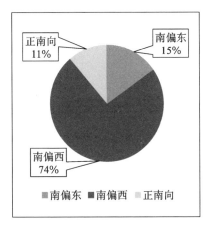

图 2-19　住宅朝向统计

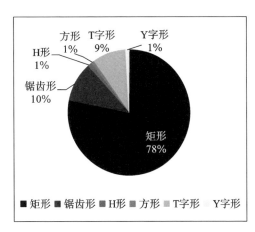

图 2-20　住宅形态布局统计

式布局中，平行行列式占比为 71%，其次为横向错列式和山墙错列式，分别为 21%
和 8%（见图 2-22）。

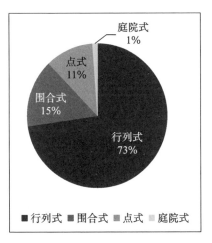

图 2-21　住区布局类型统计

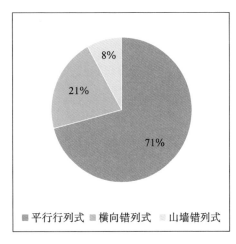

图 2-22　行列式布局类型统计

　　综合考虑各布局类型的数量占比及研究的可行性，后续主要针对平行行列式、
横向错列式和山墙错列式三种布局形式进行进一步分析。

　　2）住宅层数

　　根据《城市居住区规划设计标准》GB 50180—2018，将住宅层数划分为：低层
（1～3 层）、多层 I 类（4～6 层）、多层 II 类（7～9 层）、高层 I 类（10～18 层）、
高层 II 类（19～26 层）。按此标准对西宁市行列式住区中的住宅层数进行统计，结
果显示高层 II 类住宅数量最多，其次是高层 I 类和多层 I 类。行列式布局住区的住

宅层数统计见图2-23。

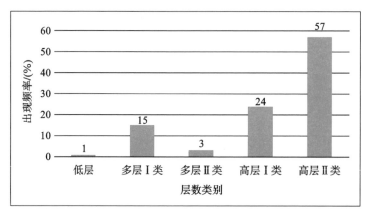

图2-23　行列式布局住区的住宅层数统计

2.2.2　日照辐射实测

1. 实测概况

对西宁市既有住区日照辐射情况进行现场实测，内容包括：比较同一小区、同一楼栋在相同朝向、相同高度、不同位置处的日照辐射差异情况；比较同一楼栋在相同朝向、不同高度下（竖直方向为同一位置）的日照辐射情况；比较同一楼栋、相同高度、不同朝向下的日照辐射情况。实测地点分别选在青铁阳光小区和中国人寿保险青海分公司家属院，实测时间为2020年6月25日—6月26日。

实测仪器为泰仕 TES-1333R 日照辐射检测仪（见图2-24），该仪器可自动记录

图2-24　泰仕 TES-1333R 日照辐射检测仪正面和背面照片

43000 组数据，相关参数见表 2-10。

表 2-10　泰仕 TES-1333R 日照辐射检测仪相关参数

功能	参数
显示	4 位数 LCD 数字显示
测量范围	2000 W/m²
分辨率	0.1 W/m²
光谱相应波长	400～1000 nm
精准度	±10 W/m²
漂移	<±2%/年
校正	使用者可自行再校正
自动数据存储	43000 组
数据传输	RS232 数据线
供电电源	4 只 AAA 电池
操作温度，湿度	0～50 ℃，小于80% RH
储存温度，湿度	−10～60 ℃，小于70% RH
重量	约158 g
尺寸	110 mm（长）×64 mm（宽）×34 mm（厚）

2. 实测小区 1——青铁阳光小区

青铁阳光小区位于西宁市城东区，其中住宅全部为高层建筑，朝向为南偏西48°。 实测建筑为 33 层板式住宅，其与前排楼栋位置平行，属于平行行列式布局。建筑立面主体颜色为浅黄色和浅灰色。 实测点选在周边树木遮挡少的位置，以尽量减小实测结果的误差。 实测点选择在 1 层南立面分别偏东和偏西的 2 个位置（1 层-南墙 1、1 层-南墙 2），见图 2-25、表 2-11。 实测当天天气为晴。

需要注意的是，因建筑整体朝向为南偏西，后文所述南墙、北墙、西墙，其实际朝向为西南、东北和西北。

图 2-25　青铁阳光小区实测住宅外观

表 2-11　青铁阳光小区测点位置平面及实景图

测点名称	测点位置平面示意	测点位置实景照片
测点 1 1 层-南墙 1		
测点 2 1 层-南墙 2		

　　实测结果显示，同一楼栋、同一朝向、同一楼层不同位置的日照辐射情况有所不同。其中，上午时段，两测点的日照辐射强度变化趋势基本一致；中午至午后时段，太阳光通过前排两栋建筑间隙，可以直射到测点 1 或测点 2 所在位置，出现不同测点日照辐射强度短时突增的情况（如 14：00—15：40 时段，测点 1 日照辐射强

度明显大于测点 2）；16：00 之后的时段，两个测点的日照辐射强度变化趋同。 分析认为，除受到周围环境（如前排建筑间隙、测点周围玻璃反光等）的影响出现中午至午后部分时段数值波动的情况外，两个测点在全天多数时段的日照辐射强度变化走向趋同，所接收的全天日照辐射量西侧位置（测点 1）略大于东侧位置（测点 2），见图 2-26～图 2-28。

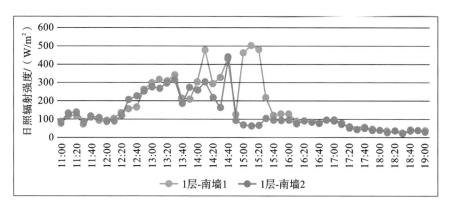

图 2-26　1 层南墙不同位置日照辐射强度对比

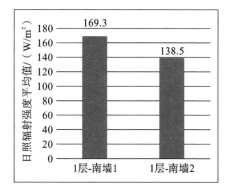

图 2-27　1 层南墙不同位置全天日照辐射强度平均值

图 2-28　1 层南墙不同位置全天日照辐射量

3. 实测小区 2——中国人寿保险青海分公司家属院

中国人寿保险青海分公司家属院位于西宁市城西区，是一个老旧小区，小区建筑总体朝向为南偏西 42°，布局方式为平行行列式，实测住宅与其前排住宅层数均为 7 层。 实测住宅为板式砖混结构，立面整体为深灰色。

实测住宅东侧为一栋板式高层建筑，朝向为南偏西，南侧为一栋住宅，与实测住宅情况基本相同，西侧为 2 层厂房，北侧为广场（见图 2-29）。 实测地点选择在周边遮挡相对较少的位置。 测点分别位于住宅的 1 层和 3 层；其中 1 层在 4 个朝向放置测点，3 层在南、北、西 3 个朝向放置测点。 相同朝向下的测点，在竖直方向上均处于同一位置。

图 2-29 中国人寿保险青海分公司家属院鸟瞰图及实测住宅外观

需要注意的是，因建筑整体朝向为南偏西，测点的 4 个朝向实际为东南、西南、西北和东北，为便于理解和表达（且符合日常认知习惯），在书中依然将其标注为东、南、西、北。 测点位置平面及实景图见表 2-12。 实测当天天气为晴转阴。

表 2-12 中国人寿保险青海分公司家属院测点位置平面及实景图

测点大致朝向	测点位置平面示意图	1 层测点位置实景图	3 层测点位置实景图
东			
南			

测点大致朝向	测点位置平面示意图	1层测点位置实景图	3层测点位置实景图
西			
北			

1）相同朝向不同高度

北墙、南墙和西墙的实测结果显示，相同朝向、不同高度的日照辐射强度变化趋势接近，但波动幅度有所不同。具体而言，3层各朝向日照辐射强度及其波动幅度在全天各时段均大于1层对应朝向。其中，北墙在9：10—9：50时段内，3层的日照辐射强度明显大于1层；南墙和西墙在12：20—14：00时段内，3层的日照辐射强度明显大于1层。此外，3层的日照辐射强度平均值及全天日照辐射量均大于1层，其中南墙相差近2倍，北墙和西墙相差近1.5倍。总体而言，相同朝向下，较高位置获得的日照辐射强度相对较大，见图2-30～图2-34。

2）不同朝向相同高度

对3层不同朝向的日照辐射强度进行实测和对比。结果显示，不同朝向的日照辐射强度在全天不同时段有所不同。其中，北墙在8：30—10：50时段（受到东部太阳直射）接收日照辐射较多；南墙在12：00—15：20时段（受到西部太阳直射）接收日照辐射较多；西墙在一天当中的日照辐射变化较平稳。日照辐射强度平均值与全天日照辐射量排序为：南墙>北墙>西墙；最大值约为最小值的1.5倍，见图2-35～图2-37。

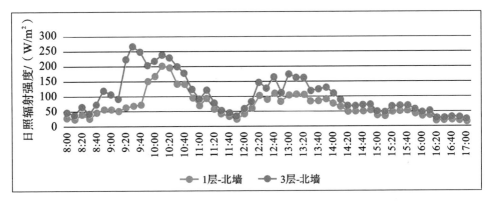

图 2-30　不同高度北墙日照辐射强度对比

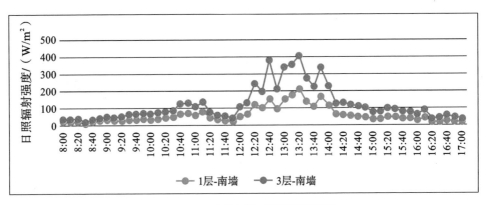

图 2-31　不同高度南墙日照辐射强度对比

图 2-32　不同高度西墙日照辐射强度对比

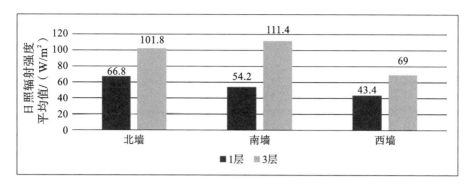

图 2-33 不同高度全天日照辐射强度平均值对比

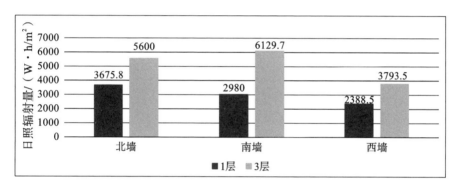

图 2-34 不同高度全天日照辐射量对比

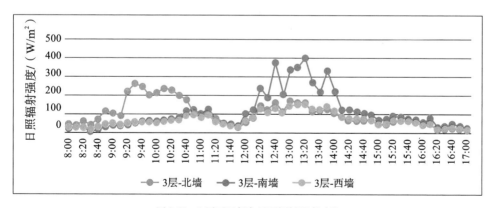

图 2-35 3 层不同朝向日照辐射强度对比

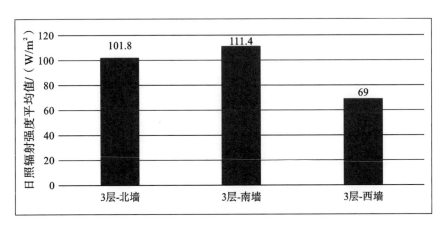

图2-36 3层不同朝向全天日照辐射强度平均值对比

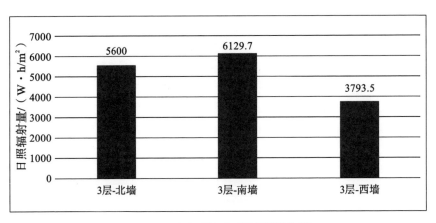

图2-37 3层不同朝向全天日照辐射量对比

　　总体而言,实测调研结果显示,朝向相同时,位置较高处获得的日照辐射相对较多;高度相同时,不同朝向在一天中接收日照辐射的峰值出现时段不同,最大值和最小值相差可达1.5倍。 在建筑的较低位置,容易受到周边其他建筑及树木等日照遮挡影响,出现部分时段日照辐射明显波动的情况。

2.3 拉萨市住区现状调研

2.3.1 网络及文献调研

1) 住宅类型

拉萨城市住宅主要分为两大类: 一类是本土住宅的演化形态, 通常为含院落的低层住宅, 多为砖石结构 (见图2-38); 另一类是新建集合式住宅, 与我国其他城市住宅建造方式类似, 多为框架或框剪结构、融合了本土色彩及装饰风格的中高层住宅, 且多为板式住宅 (见图2-39)。

图2-38 拉萨本土演化住宅

图2-39 拉萨城市集合式住宅

2) 住区分布

拉萨传统住区主要分布在城关区中部, 受高度限制, 住宅多为低层, 容积率较低。 新建城市住区主要分布在城关区东西部、堆龙德庆区、柳梧新区、经济开发区等, 住宅多为中高层, 与传统住区肌理形成鲜明对比。

3) 住宅朝向及高度

调研统计拉萨城区82个住区信息, 通过百度卫星图查明建筑朝向 (设南偏西为负值, 南偏东为正值), 结果显示, 住区朝正南方向频次最多 (58.54%), 远大于其他朝向。 拉萨城市住区主要朝向统计见图2-40。《西藏自治区民用建筑节能设计标准》DBJ 540001—2016规定, 建筑节能设计最佳朝向范围为南至南偏东15°, 其次为南至南偏西15°。 符合该标准的住区朝向约占样本总数的91%。 采用城市全景图与现场调研结合方式对住宅层数进行标定, 结果显示多层占52.11%、小高层占

38.03%。 拉萨城市住区楼层统计见图 2-41。

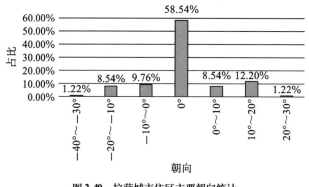

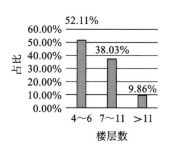

图 2-40　拉萨城市住区主要朝向统计

图 2-41　拉萨城市住区楼层数
统计

4）住宅户型

查询"拉萨市房地产市场信息网"，统计得到 245 个户型信息。 其中，客厅、卧室等主要空间多为南向且开大窗；厨房、卫生间等次要空间多为北向且开小窗；东西向多无窗或开小窗。 住宅南向多设封闭阳台或阳光间。 房间面宽从大到小依次为客厅、卧室、厨房、卫生间，住宅多采用客厅、餐厅合一的大空间模式。 对其中 86 个标注尺寸数据的户型进行统计（以 0.2 为步长），结果显示其面宽进深比在 1.2～2.8 之间，且以 1.6～1.8 区间最多，占总数的 22.09%，见图 2-42。

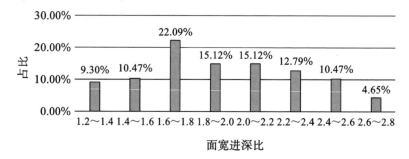

图 2-42　拉萨城区住宅户型面宽进深比统计

5）外围护结构

关于住宅外围护结构及构造，周铁程等 2015 年对拉萨 81 栋住宅进行实地调研，结果显示，当地住宅外墙主体多采用混凝土实心砌块、混凝土空心砌块和加气混凝土砌块；墙体厚度为 200～300 mm，两面采用 20 mm 厚水泥砂浆抹灰；屋面多采用 120～200 mm 钢筋混凝土层和 60～80 mm 水泥膨胀珍珠岩层，上下表面采用 20 mm 厚水泥砂浆抹灰；外窗多采用铝合金单玻窗。

2020 年作者课题组对拉萨既有住区项目施工图进行调研，结果显示，当地新建住区建筑外墙多以砌块材料（如加气混凝土砌块等）为主体，外加泡沫保温板、岩棉等外墙保温材料；屋面以钢筋混凝土层为主体，辅以常见保温材料；外窗多为各类双玻窗。外墙、屋面、外窗传热系数与前述调研结果相比显著减小，围护结构保温性能大幅提升。

6）太阳能利用、室内热舒适及供暖形式

在政府大力倡导和推动下，拉萨市住区太阳能利用初见成效。2008 年，相关问卷调研结果显示，约 55% 的小区安装了太阳能设备。其中，太阳能热水器和太阳能灶使用较多。住宅设计中，通过将主要房间布置在南向、增大建筑面宽及南向窗墙比、设置阳光间、提高围护结构性能等措施增大了太阳能的利用潜力。在热舒适性方面，多数人冬季在 11：00—19：00 之间感觉舒适，其余时间约 1/3 的人感觉稍冷至很冷；夏季大部分时间总体感觉舒适，约 1/3 的人在 11：00—17：00 之间感觉稍热，21：00 以后感觉稍冷。此外，供暖方面，主要采用天然气管网集中供暖，辅以电锅炉、天然气锅炉、水源热泵供暖等局部分散供暖形式，主要能源为天然气，对太阳能等清洁能源利用相对较少。

2.3.2 室内环境实测

在拉萨市城关区盛域滨江小区（建于 2005 年）选择 1 栋既有住宅，对其中不同朝向、不同窗墙比的主要使用空间进行室内热环境实测，所测住户位于住宅楼第 5 层（共 11 层），户型为三室两厅一厨两卫，层高 3 m，建筑面积 136.4 m²。实测时间为 2020 年冬季（1 月 12 日—1 月 14 日）。

1）实测方法

选择在住宅的客厅、南向卧室（带封闭阳台）及北向卧室三个房间（窗墙比分别为 0.42、0.38、0.33）进行实测，采用温度检测仪器记录其在无人使用及无供暖环境下的室内空气温度和热舒适相关数据。实测中，温度检测仪器置于房间中心位置，数据采集传感器距地面高度为 1.5 m，使其不靠近热源、不受到阳光直射（见图 2-43）。实测期间保持门窗关闭，数据记录时间间隔（步长）为 10 分钟。住宅户型及

图 2-43 住宅北向卧室实测仪器布置

仪器布点情况见图 2-44。

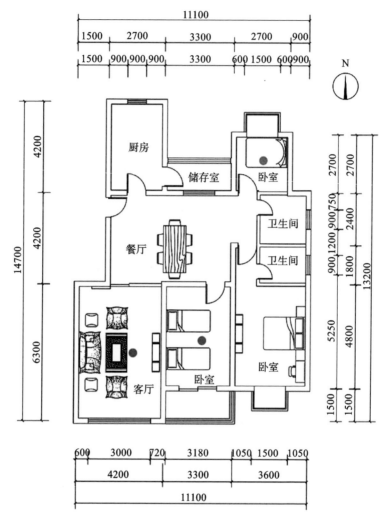

图 2-44　实测住宅户型及室内仪器布点（单位：mm）

2）实测结果

实测结果显示：与室外相比，室内空气温度波动更加平稳且具有一定延迟。其中，客厅及南卧空气温度在 10：00 左右最低，之后开始快速上升，15：00 左右达到峰值；北卧空气温度在 9：00 左右最低，之后开始小幅上升，16：00 左右达到峰值（图 2-45）。数据对比显示，南向房间普遍比北向房间温度高；且窗墙比越大，室内空气温度随室外空气温度变化越剧烈。

总体而言，拉萨传统住区多为低层住宅，新建住区多为中高层住宅。住宅朝向

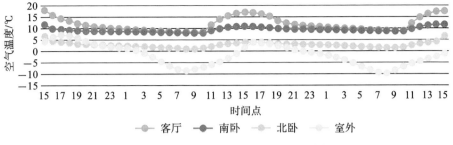

图 2-45 实测住宅不同房间室内外逐时空气温度变化图

多在正南及接近正南方向；面宽进深比在 1.2～2.8 之间，且以 1.6～1.8 最多；多在南向开大窗、北向开小窗，有利于南向日照获取；新建住宅围护结构性能明显提升。太阳能热水器得到较广泛采用；冬季主要采用天然气集中供暖，辅以其他分散供暖形式。

第 3 章

兰州城镇住区日照获取
潜力及设计导控

3.1 住区布局对日照获取潜力的影响

3.1.1 典型形态布局的分析模型

1. 住区布局

1）相关因素

兰州城镇住区典型布局模型的构建，主要考虑两方面因素。 首先，兰州既有城镇住区典型布局大致可分为 4 种形式：行列式、围合式、扇形式与单排式，鉴于单排式布局比较特殊，其在实际环境中周边建筑遮挡情况非常复杂，不便逐一分析，后续分析模型仅在行列式、围合式、扇形式三种常见形态布局模式基础上进行旋转、错动变化，形成一系列可供讨论的形态布局模型。 其次，兰州市被黄河一分为二，整个城市的道路规划均与黄河走势相关，城区除正南向、正北向建筑之外，多数建筑有大约30°偏转以形成与黄河垂直或平行的对位关系，因此后续分析模型中的旋转角度均设为30°。

2）总体布局

基于以上因素构建提出的住区布局分析模型，总体上由 25 栋建筑组成，包括周边 16 栋、内区 9 栋。 后续对其整体及内区分别进行模拟分析。 其中，针对整体布局的模拟可以获得特定布局下住区整体日照获取潜力；针对内区模拟时，将周边建筑视作日照遮挡物，可以反映受遮挡情况下住区建筑的日照获取潜力。

3）分类布局

在总体布局之下，构建 13 个分类布局的分析模型，对每个分析模型进行编号，后续模拟分析中将沿用此编号，具体如下（见表3-1）。

No.1 基本行列式。 建筑南立面朝向正南方向，每栋建筑之间保持固定间距，成棋盘网格状分布。

No.2 水平错动式。 在基本行列式基础上，每间隔一行进行左右水平方向的移动，移动距离为建筑面宽+东西立面间距的一半。

No.3 垂直错动式。 在基本行列式基础上，每间隔一列朝同一垂直方向移动，移动距离为建筑进深+南北立面间距的一半。

No.4 东侧围合式。 在基本行列式基础上，将最东侧一列建筑各自垂直于水平面且以各自形体中心为轴，旋转90°。

No.5 全围合式。 在基本行列式基础上，将最东西两侧的两列建筑各自垂直于水平面且以各自中心为轴，旋转90°。

No.6 西侧围合式。 与东侧围合式相似，将最西侧一列建筑各自垂直于水平面且以各自形体中心为轴，旋转90°。

No.7 整体偏东式。 在基本行列式基础上，将所有建筑各自垂直于水平面且以各自形体中心为轴，整体向东旋转30°。

No.8 整体偏西式。 与No.7操作类似，旋转方向相反，整体向西旋转30°。

No.9 内部偏东式。 在基本行列式基础上，内区所有建筑向东旋转30°。

No.10 内部偏西式。 在基本行列式基础上，内区所有建筑向西旋转30°。

No.11 基本扇形式。 建筑呈环形排列，由南向北数量依次递增，总体朝南，且垂直于南立面的中轴线都经过扇形的圆心。

No.12 扇形偏西式。 在基本扇形式基础上，整体向西旋转30°。

No.13 扇形偏东式。 在基本扇形式基础上，整体向东旋转30°。

表3-1 布局类型、编号及示意图

布局类型	编号及示意图		
行列式	No.1 基本行列式	No.2 水平错动式	No.3 垂直错动式
围合式	No.4 东侧围合式	No.5 全围合式	No.6 西侧围合式
行列式旋转	No.7 整体偏东式　No.8 整体偏西式		No.9 内部偏东式　No.10 内部偏西式

布局类型	编号及示意图
扇形式	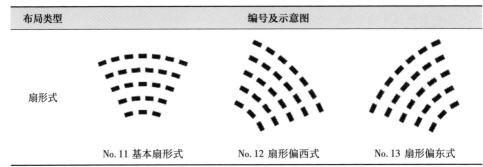 No.11 基本扇形式　　　　No.12 扇形偏西式　　　　No.13 扇形偏东式

4）单体形态

现实中，住宅建筑单体形态多样、表面存在不同凹凸变化。为简化计算，分析模型以长方体为基础形体，对其表面凹凸进行模拟探究。如前所述，兰州既有住区多采用板式与点式相结合的形式，点式略多于板式。其中，点式住宅面宽进深比约为 1.76，因此在典型模型构建中，将面宽进深比设置为 1.8，之后参照常规平面布局形式，将面宽和进深分别设置为 36 m 和 20 m。

5）建筑高度

《城市居住区规划设计标准》GB 50180—2018 对不同气候区划中居住街坊容积率、建筑高度等提出了明确的控制指标，其中高层住宅高度控制最大值为 80 m（见表 3-2）。兰州处于建筑气候区划中的Ⅱ区，因此分析模型中高层住宅高度选择为 80 m。

表 3-2　居住街坊用地与建筑控制指标

建筑气候区划	住宅建筑平均层数类别	住宅用地容积率	建筑密度最大值 /（％）	绿地率最小值 /（％）	住宅建筑高度控制最大值 /m	人均住宅用地面积最大值 /（m²/人）
Ⅱ、Ⅵ	低层（1～3 层）	1.0～1.1	40	28	18	36
	多层Ⅰ类（4～6 层）	1.2～1.5	30	30	27	30
	多层Ⅱ类（7～9 层）	1.6～1.9	28	30	36	21
	高层Ⅰ类（10～18 层）	2.0～2.6	20	35	54	17
	高层Ⅱ类（19～26 层）	2.7～2.9	20	35	80	13

（来源：《城市居住区规划设计标准》GB 50180—2018 表 4.0.2 节选。）

6）楼间距

按照相关标准确定分析模型的楼间距。首先，根据《甘肃省城镇规划管理技术规程（试行）》DB62/T 25-3048—2010，高层住宅之间的最小间距应当满足：平行布置间距 30 m，垂直布置间距 25 m，两侧山墙间距 13 m，单侧山墙间距 6 m（见表3-3）。同时，《城市居住区规划设计标准》GB 50180—2018 中规定了住宅建筑的日照标准（见表3-4）。

表3-3　住宅建筑之间最小间距　　　　　　　　　　　　　　　　（单位：m）

	高层（遮挡）				多层、中高层（遮挡）				低层（遮挡）			
	平行布置	垂直布置	山墙		平行布置	垂直布置	山墙		平行布置	垂直布置	山墙	
			两侧	单侧或无			两侧	单侧或无			两侧	单侧或无
高层（被遮挡）	30	25	13	6	18	15	13	6	12	9	6	—
多层（被遮挡）	30	20	9	6	15	10	9	—	12		6	—
低层（被遮挡）	30	20	6	—	15	10	6	—	6			—

（来源：《甘肃省城镇规划管理技术规程（试行）》表3.8。）

表3-4　住宅建筑日照标准

建筑气候区划	Ⅰ、Ⅱ、Ⅲ、Ⅶ气候区		Ⅳ气候区		Ⅴ、Ⅵ气候区
城区常住人口/万人	≥50	<50	≥50	<50	无限定
日照标准日	大寒日			冬至日	
日照时数/h	≥2	≥3		≥1	
有效日照时间带（当地真太阳时）	8时—16时			9时—15时	
计算起点	底层窗台面				

注：底层窗台面指距室内地坪0.9 m高的外墙位置。
（来源：《城市居住区规划设计标准》GB 50180—2018 表4.0.9。）

2. 模型构建

1）初步建模

在前述分析基础上，进行初步建模。模型总体包含25栋建筑单体，每个建筑单体模型采用36 m×20 m×80 m（长×宽×高）的长方体，作为板式高层住宅的简化模型。 首先以行列式为基本布局模式，按照最小间距规定（见表 3-3），初步构建分析模型；采用 Ladybug 软件对模型的日照时数进行模拟计算，结果显示模型中存在大面积不满足日照时数要求的情况；随后不断调整模型楼间距，直至使模型满足大寒日底层窗台面日照时数大于 2 小时的基本要求，最终确定住区模型的南北楼间距为 75 m，东西楼间距为 50 m。

2）分类建模

综合前述模拟计算和分析结果，最终构建形成 13 个分类的住区布局分析模型，详见表 3-5。

表 3-5 住区布局分析模型、平面及三维示意图

编号	平面示意图	三维模型示意图	编号	平面示意图	三维模型示意图
1		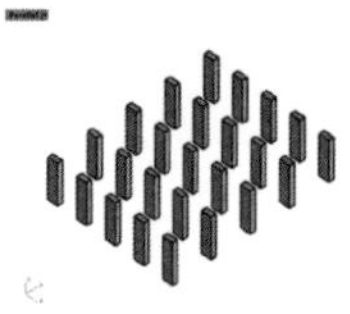	6	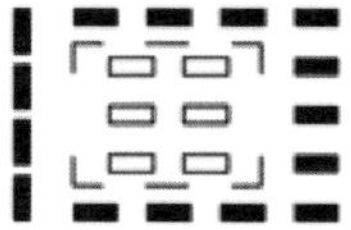	
2		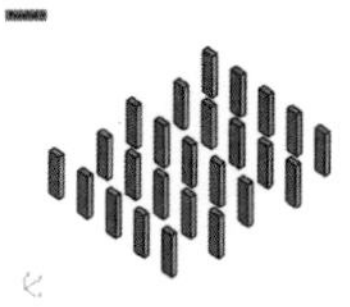	7		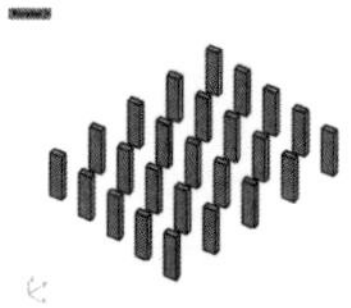
3	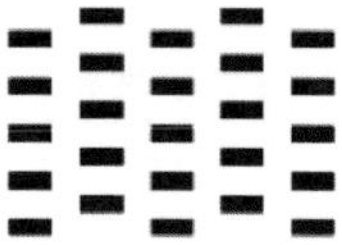	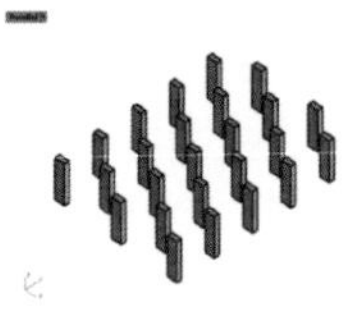	8		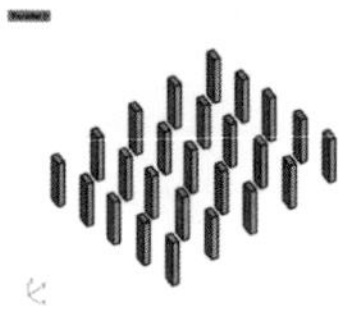
4	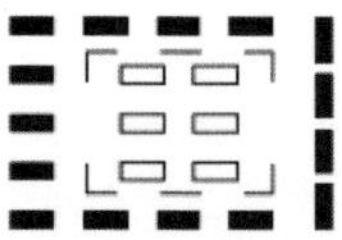	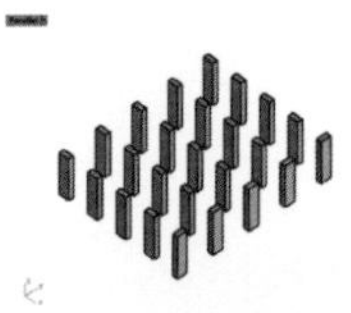	9		
5	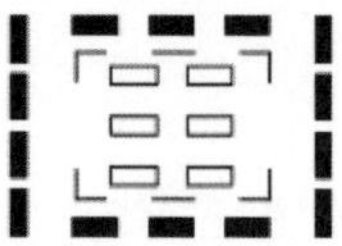	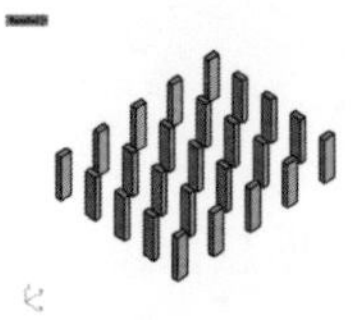	10		

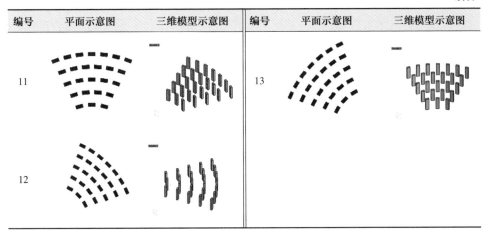

编号	平面示意图	三维模型示意图	编号	平面示意图	三维模型示意图
11			13		
12					

3）补充验证

由于前述模拟以行列式布局为基础，扇形式布局与行列式布局差异较大，因此对扇形式布局下的日照时数进行补充验证。采用同样方法，对编号为 11～13 号的分析模型（见表 3-5），进行大寒日日照时数模拟计算，结果显示，其总体满足日照 2 小时要求（个别不满足条件的位置面积较小，可作设备间或楼梯间等处理）（见图 3-1）。

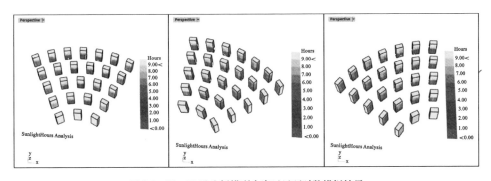

图 3-1　11～13 号分析模型大寒日日照时数模拟结果

3.1.2　不同形态布局的模拟分析

1. 模拟设置

1）时段设置

兰州市位于寒冷地区，气候表现为冬季寒冷且时间较长、夏季较热但无酷暑、春秋季时间较短。总体而言，冬季供暖对建筑全年能耗影响较大。根据甘肃省《被动式太阳能建筑技术规程》DB62/T 25-3079—2014，其冬季供暖时段为当年11月2日到次年3月14日，共132天，将该时段设置为软件的模拟时段。

2）模拟程序

选择 Ladybug 软件进行模拟分析。首先，导入兰州气象数据，通过 GenCumulativeSkyMtx 电池组启动 Radiance 软件的 gendaymtx 功能，计算全年每小时日照辐射的天空模型。其次，利用 SelectSkyMtx 电池组，根据选定的模拟时段生成对应的日照辐射天空模型。再次，对前述构建的住区模型进行日照模拟。考虑现实环境中住区周边存在日照遮挡物，为接近真实情况，对每组模型进行两种模式下的模拟。其中，模式 A 以全部 25 栋单体为目标物体，仅考虑其内部相互遮挡，不考虑外围其他物体遮挡的情况；模式 B 以中心 9 栋单体为目标物体，同时考虑周边 16 栋单体为遮挡物体的情况。利用 Radiation Analysis 电池组计算得到目标物体在预设时段内处于不同布局时的太阳总辐射量。

2. 模拟结果

1）总体情况

前述两种模式下，典型住区分析模型在供暖季的日照辐射量模拟结果详见表 3-6。

表 3-6 日照辐射量模拟结果 （单位：kW·h）

模型编号	模式 A 模拟结果		模式 B 模拟结果	
	示意图	辐射量	示意图	辐射量
1		39222000		13019000

模型编号	模式 A 模拟结果		模式 B 模拟结果	
	示意图	辐射量	示意图	辐射量
2		39468000		13179000
3		38663000		12822000
4		38935000		12981000
5		38646000		12919000

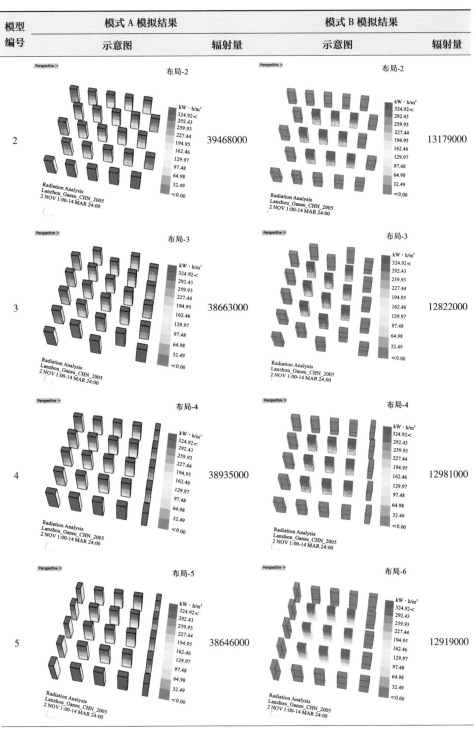

模型编号	模式 A 模拟结果		模式 B 模拟结果	
	示意图	辐射量	示意图	辐射量
6	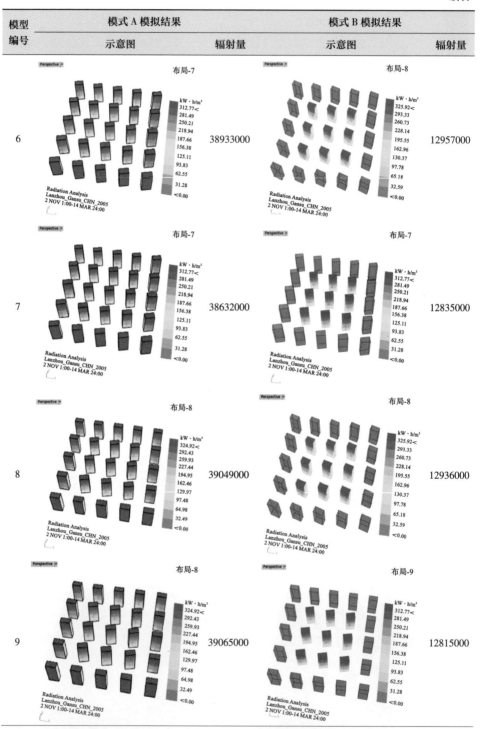	38933000		12957000
7		38632000		12835000
8		39049000		12936000
9		39065000		12815000

模型编号	模式 A 模拟结果		模式 B 模拟结果	
	示意图	辐射量	示意图	辐射量
10	布局-10	39181000	布局-10	12955000
11	布局-11	38928000	布局-11	13420000
12	布局-12	38470000	布局-12	13004000
13	布局-13	38094000	布局-13	12819000

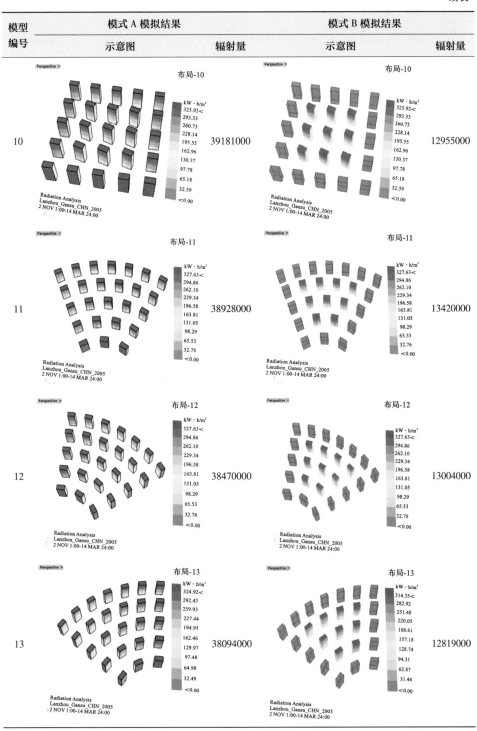

2）数据计算

按照建筑高度为 80 m，计算得到相应层数约为 28 层，则每栋住宅建筑面积为 20160 m²。模拟所得供暖季日照辐射量除以对应建筑面积，可得供暖季单位建筑面积日照辐射量（图 3-2）。将住区各建筑最外侧点相连后向外平移 5 m 所得的线假定为该住区建筑红线，计算各住区用地面积，可得供暖季单位用地面积日照辐射量（见图 3-3）。

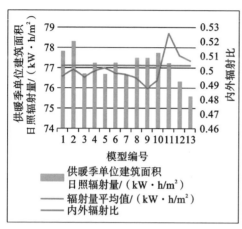

图 3-2　供暖季单位建筑面积日照辐射量　　　　图 3-3　供暖季单位用地面积日照辐射量

3）结果分析

以上模拟结果显示，住区的不同布局方式对其日照获取潜力有一定影响，具体如下。

从供暖季单位建筑面积可获取的日照辐射量来看，13 种分类布局的分析模型有如下规律。①水平错动式（No.2）的日照获取量最大；基本行列式、整体偏西式、整体偏东式、内部偏西式（No.1、8、9、10）的日照获取量相对较大。②围合式布局（No.4、5、6）的日照获取量整体上略少于行列式，其中东侧围合式（No.4）与西侧围合式（No.6）比较接近，均略高于全围合式（No.5），说明任何一侧的围合均对日照获取造成一定不利影响。③基本扇形式、扇形偏西式、扇形偏东式（No.11、12、13）的日照获取量差异较大，且依次递减。其中基本扇形式（No.11）的日照获取量与东、西侧围合式（No.4、6）比较接近。

从供暖季单位用地面积日照辐射量看，基本行列式、内部偏东式、内部偏西式

（No. 1、9、10）的日照辐射量较大，水平错动式、垂直错动式（No. 2、3）的日照辐射量较小。

总体而言，无论是从单位建筑面积日照辐射量来看，还是从单位用地面积日照辐射量来看，基本行列式（No. 1），以及其旋转后形成的内部偏东式（No. 9）、内部偏西式（No. 10）均具有较好的日照辐射获取潜力。此外，需要注意的是，水平错动式（No. 2）虽然会明显增加单位建筑面积日照辐射量，但同时会明显减少单位用地面积日照辐射量。

3.2　住宅及住区朝向对日照获取潜力的影响

3.2.1　住宅朝向相关既有研究

以"朝向"为主题词，在中国知网的建筑科学与工程学科分类中进行检索，得到 2919 篇文献，最早 1 篇发表于 1957 年，该文从日照角度提出南京地区不同建筑朝向对室内温度的影响，并根据日照时数提出南京居室的合理朝向。2000 年之前以"朝向"为主题的研究不多，之后 5 年有小幅上涨，2005 年之后呈现较明显的增长趋势。从研究内容上看，建筑朝向相关主题主要涉及围护结构、窗墙比、节能设计、建筑节能、居住建筑、能耗模拟、设计研究、传热系数等；从建筑气候分区来看，夏热冬冷地区研究相对较多、严寒地区也有涉及，见图 3-4。

以"朝向"和"建筑"为关键词，在中国知网的建筑科学与工程学科分类中进行检索，得到 2620 篇文献，最早 1 篇发表于 1963 年。在 2001 年之前，以"朝向"为主题的研究较少，内容主要涉及太阳赤纬、日照时间、日照间距、太阳高度角等基础研究领域。2005 年之后相关研究呈明显增长趋势，出现以建筑节能与围护结构设计为主题的一系列研究。同时，研究内容更加细化，涉及体形系数、遮阳系数、建筑进深、日照时间、窗墙比、冷负荷、采暖能耗、空调能耗、热工性能等指标。此外，从建筑气候分区来看，夏热冬冷地区研究相对较多；从研究对象来看，主要为居住建筑，少量涉及公共建筑，见图 3-5。

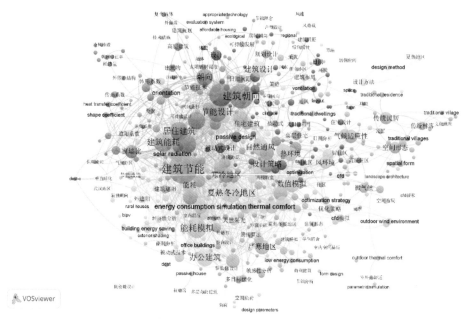

图 3-4　主题分布图——主题：朝向

（来源：基于中国知网相关数据整理。）

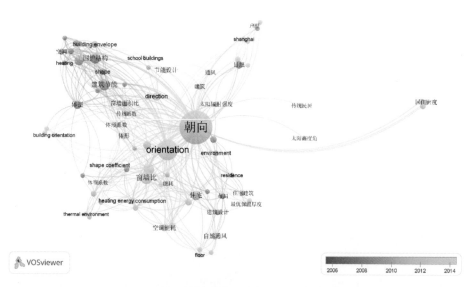

图 3-5　关键词共现网络分析图——关键词：朝向

（来源：基于中国知网相关数据整理。）

3.2.2 典型住宅单体及住区的分析模型

1) 住宅单体模型构建

为体现真实情况，选择以兰州市既有常规住区中日照辐射较不利的住宅为对象，进行单体模型构建。具体对象选择在兰州市城关区的欣欣嘉园小区。该小区于 2016 年建成，包含 12 栋高层住宅（均为 33 层），总体呈围合式布局（见图 3-6）。选择处于日照情况较不利的小区北侧中间位置住宅进行建模和后续模拟，相关信息见表 3-7。

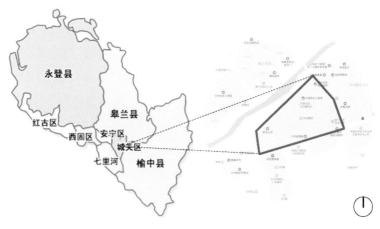

图 3-6　欣欣嘉园小区区位图

表 3-7　所选住宅单体及小区形态布局示意图

图名	住宅单体形态	小区形态布局（含所选住宅单体位置）
平面示意图		

图名	住宅单体形态	小区形态布局（含所选住宅单体位置）
三维模型示意图	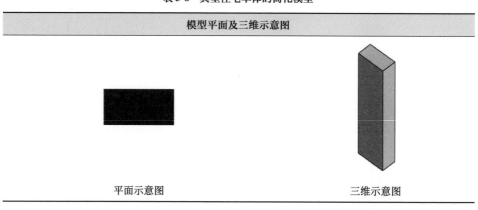	

为简化计算，将住宅形体抽象为简单长方体，忽略实际凹凸变化；之后根据《城市居住区规划设计标准》GB 50180—2018 中的相关条文，将建筑高度设定为规定的最大限值 80 m；最后根据所选住宅实际面宽进深尺寸（面宽 36 m；进深 19.5 m）进行近似取整，得到面宽为 36 m、进深为 20 m。 最终得到用于后续模拟分析的典型住宅单体的简化模型，详见表 3-8。

表 3-8　典型住宅单体的简化模型

模型平面及三维示意图
平面示意图　　　　　　　　　　　　　　三维示意图

2）住区模型构建

住区模型的构建，参考了兰州市住区的基本分类，包括行列式、水平错动式、垂直错动式、半围合式、围合式、扇形式。 鉴于行列式、水平错动式、垂直错动式、半围合式、围合式布局的整体或大部分建筑均有平行网格分布的特征，对日照辐射的影响类似，故选取行列式作为代表形式；同时选取布局类型明显不同的扇形式，分为南窄北宽和南宽北窄两种布局形式。 其中包含 25 栋建筑单体，每个单体建筑尺度均为 36 m×20 m×80 m（长×宽×高），与前述典型单体的简化模型保持一致。 行列式与扇形式的楼间距均为：南北面间距 70 m、山墙面间距 50 m，满足日照标准。 典型住区模型详见表 3-9。

表 3-9　典型住区模型

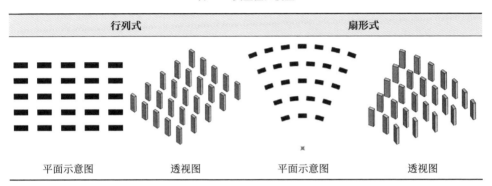

行列式		扇形式	
平面示意图	透视图	平面示意图	透视图

3）模拟设置

在不同朝向的模拟中，设置旋转轴与水平面垂直。 建筑单体的旋转轴设置在单体的几何中心。 住区的旋转轴设置分为两种情况。 ①将住区看作整体，共用同一个旋转轴。 其中，行列式布局的旋转轴设置在住区几何中心，扇形式布局的旋转轴设置在其放射线的交点处。 ②对住区的每栋建筑单独考虑，使其沿各自旋转轴旋转，旋转轴为对应单体的几何中心。 设定旋转总角度为 360°，步长为 10°。

用于后续模拟分析的 8 个模型中，A、B 为真实单体模型，C 为简化单体模型，D、E 为行列式住区模型，F、G、H 为扇形式住区模型，详见表 3-10。

表 3-10　分析模型编号及旋转方式示意图

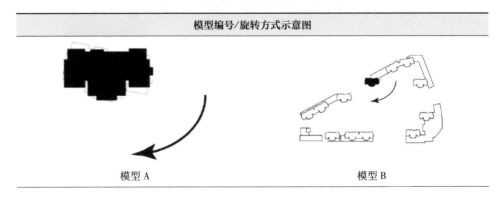

模型编号/旋转方式示意图	
模型 A	模型 B

模型编号/旋转方式示意图

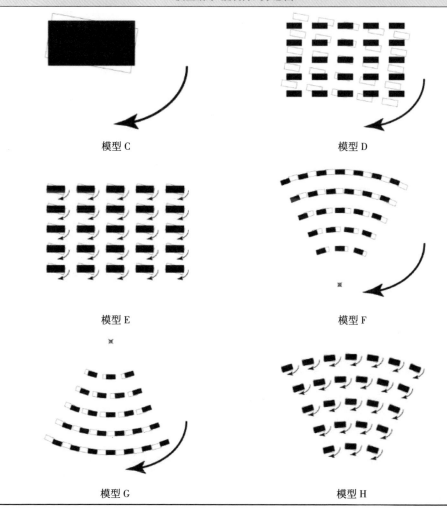

模型 C

模型 D

模型 E

模型 F

模型 G

模型 H

　　模拟时段设置与 3.1.2 节相同，设置为兰州市供暖时段，即当年 11 月 2 日到次年 3 月 14 日，共 132 天。

　　4）模拟程序

　　首先，在 Ladybug 中导入气象数据，通过 GenCumulativeSkyMtx 电池组启动 Radiance 软件的 gendaymtx 功能，生成全年每小时日照辐射天空模型；其次，利用 SelectSkyMtx 电池组根据预定计算时间段生成特定的日照辐射天空模型；再次，将单体及住区模型分别设置为输入物体并选择性设置遮挡物体，通过 Orientation Study

Parameters 电池组设定旋转轴心、角度与步长，利用 Radiation Analysis 电池组计算输入物体在设定时段内获取的日照辐射量；最终得到输入物体在设定时段内处于不同朝向时可获取的日照辐射总量。

3.2.3　不同朝向的模拟分析

1）总体模拟

规定起始朝向为正南向，对南偏西 90°至南偏东 90°范围朝向进行模拟分析，用雷达图表达模拟结果。 图 3-7 为住宅单体各朝向对应的供暖季日照辐射总量，图 3-8 为住区各朝向对应的供暖季日照辐射总量。

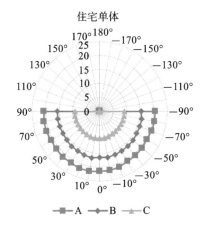

图 3-7　住宅单体模拟结果（单位：kW · h/m²）
注：A、B、C 为对应模型编号。

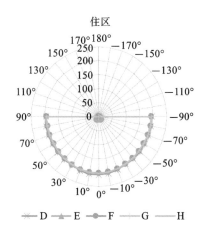

图 3-8　住区模拟结果（单位：kW · h/m²）
注：D、E、F、G、H 为对应模型编号。

2）转换计算

由于模拟数值基数较大，相对差值较小，在总量图中最佳朝向不明显，因此对每组数据进行转换计算。 将每组模拟结果的基数压缩、突出差异，并把差异部分分为 10 级，在雷达图中用由内至外的 10 个圆环代表，距离圆心越近等级越低、逐级递增。 其中第 1、2 级表达各角度总辐射量中统一扣除的压缩量（即各角度辐射量中相同的一部分）N，第 3 级表达每组数据中的最小值 R_{min}，第 10 级表达每组数据中的最大值 R_{max}。 通过以下公式 ［式（3-1）、式（3-2）］ 将每个角度的总辐射量换算成新的相对辐射等级，之后用雷达图即可明显判断朝向与日照获取量之间的对应关系。 相对辐射等级与最佳朝向见表 3-11。

每组数据中各角度辐射等级计算公式如下：

$$\begin{cases} N = R_{min} - 2S \\ S = (R_{max} - R_{min})/8 \\ r = (R - N)/S \end{cases}$$ (3-1)

整理得：

$$r = \frac{8(R - R_{min})}{R_{max} - R_{min}} + 2$$ (3-2)

式中：r——相对辐射等级；

S——单个等级阈值；

N——压缩量；

R——总辐射量；

R_{max}——最大辐射量；

R_{min}——最小辐射量。

表 3-11　相对辐射等级与最佳朝向

相对辐射等级	最佳朝向	相对辐射等级	最佳朝向
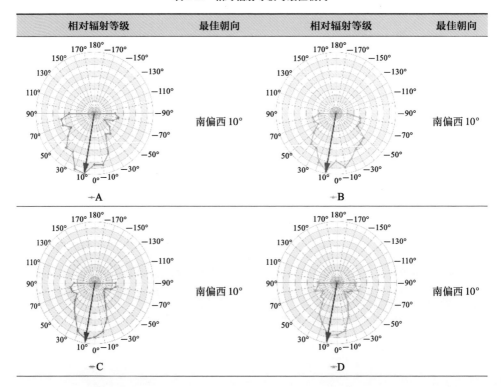 →A	南偏西 10°	→B	南偏西 10°
→C	南偏西 10°	→D	南偏西 10°

相对辐射等级	最佳朝向	相对辐射等级	最佳朝向

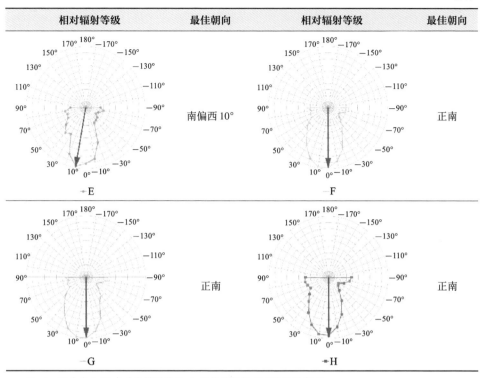

注：A～H为表3-10中对应模型编号，红色箭头所指方向为最佳朝向。

3）总体模拟结果分析

建筑单体模拟结果显示，当建筑外表面积和周围遮挡情况不同时，模拟结果存在较大差异；朝向变化对辐射获取量的影响并不明显，仅可大致看出南向比东西向可获取到的日照辐射总量较高，且西向略优于东向。住区整体模拟结果显示，不同朝向下的日照获取总量差异不明显，几乎无法区分最佳朝向。

4）转换计算结果分析

转换后的细分计算结果显示，扇形式布局的最佳朝向均为南向，其余布局形式的最佳朝向均为南偏西10°。整体上各组模型均呈现较明显的南向优势，东西向差别不大，西向略优于东向。

其中，A、B两组为实体模型，表面存在明显凹凸变化，在不同朝向时形成不同程度的自遮挡，导致其结果相较其他各组呈较明显的锯齿状。D、E组与F、H组曲线特征相似，说明改变住区整体朝向与分别改变住区中各单体朝向，对日照获取潜力的影响效果相似。对照F、G组，其模拟结果几乎重合，说明扇形圆心角方位的南北转换不影响其住区整体日照获取的最佳朝向。

5）补充模拟

由于上述模拟结果显示，南向和南偏西10°方向获取的辐射量数值接近，推测最佳朝向可能位于两者之间，故将步长由10°缩小至5°，对模型 C（典型单体）进行补充模拟。 此外，考虑模拟结果可能与气象数据有关，故采用两种不同气象数据（CSWD 和 SWERA）分别进行模拟。 其中，CSWD 数据源于清华大学和中国气象局，属于实测数据。 SWERA 源于联合国环境署，属于空间卫星测量数据。

补充模拟结果显示，CSWD 数据组最佳朝向为南偏西5°，数值上与南偏西10°接近；SWERA 数据组最佳朝向为南偏西5°和南偏东5°，数值上与南向接近，向两侧旋转则日照获取潜力递减（见图3-9）。 进一步分析认为，空间卫星测量数据忽略地形、环境等因素影响，辐射天空为理论模型，因此辐射结果呈对称性，且相同朝向辐射总量比 CSWD 数据偏大。

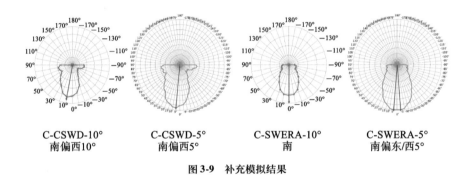

C-CSWD-10°　　　　C-CSWD-5°　　　　C-SWERA-10°　　　　C-SWERA-5°
南偏西10°　　　　　南偏西5°　　　　　南　　　　　　　　南偏东/西5°

图3-9　补充模拟结果

3.3　住宅形体对日照获取潜力的影响

3.3.1　形体设计与建筑热环境

既有建筑设计标准、规范中，对建筑形体设计主要通过"体形系数"指标进行控制。《严寒和寒冷地区居住建筑节能设计标准》JGJ 26—2018 中规定，体形系数指"建筑物与室外大气接触的外表面积与其所包围的体积的比值。 外表面积中，不包括地面和不供暖楼梯间等公共空间内墙及户门的面积"。 该指标主要用于反映与建筑形体直接相关的外表面热损失情况。建筑体形系数越大，单位建筑面积对应的外表面积越大，传热损失就越大。既有建筑节能相关标准、规范对建筑的体形系数进行了限定，其主要目的是减少建筑外表面的热损失（失热）。《建筑节能与可再生能源利用通用规范》GB 55015—2021 中，对不同热工分区下的居住建筑和公共建筑体形系数具体规定如下（见表 3-12、表 3-13）。

表 3-12　居住建筑体形系数限值

热工区划	建筑层数	
	≤3 层	>3 层
严寒地区	≤0.55	≤0.30
寒冷地区	≤0.57	≤0.33
夏热冬冷 A 区	≤0.60	≤0.40
温和 A 区	≤0.60	≤0.45

（来源：《建筑节能与可再生能源利用通用规范》GB 55015—2021 表 3.1.2。）

表 3-13　严寒和寒冷地区公共建筑体形系数限值

单栋建筑面积 A/m^2	建筑体形系数
$300 < A \leqslant 800$	≤0.50
$A > 800$	≤0.40

（来源：《建筑节能与可再生能源利用通用规范》GB 55015—2021 表 3.1.3。）

需要注意的是，建筑能耗受到得热与失热两方面因素影响。获取日照辐射是增加得热的主要途径，而形体变化对建筑日照辐射的获取潜力会产生直接影响。采用较小的体形系数，虽然有利于减少失热，但同时也不利于获取日照辐射得热。近年来，随着建筑保温隔热技术方法的不断创新，在减少建筑失热方面已取得很大提升。然而，如何通过形体设计增加建筑日照辐射得热的相关研究与实践依然不足。

失热和得热在建筑能耗影响中所占的比例会随各地气候不同而有所差异，有必要通过具体分析了解适应当地情况的最佳平衡点。既有建筑节能标准、规范中的指标，更多关注对建筑失热的控制，在国家不断加大太阳能等可再生能源利用的大背景下，关于如何使建筑获取更多日照辐射得热的问题，有必要开展更加深入的研究。

3.3.2 形体变化模型的建立

1）基本形体变化

基于前述研究中构建的典型住宅单体的简化模型，即 36 m×20 m×80 m 长方体（见表 3-8），结合对兰州市既有住区的实地调研，构建出形体变化模型，包括基本形、南向折角形、北向折角形、南向弯曲形、北向弯曲形、西南向锯齿形、东南向锯齿形 7 个类型。 为使不同形体之间具有可比性，控制每个形体南北方向最大距离与东西方向最大距离之比为 1/2，在其基础上，将建筑底面积统一调整至 780 m² （与典型模型相同）。 详见表 3-14。

表 3-14　基本形体变化的平面与三维模型示意图

编号	名称	平面示意图	三维模型	编号	名称	平面示意图	三维模型
1	基本形			5	北向弯曲形		
2	南向折角形			6	西南向锯齿形		
3	北向折角形			7	东南向锯齿形		
4	南向弯曲形						

建筑立面通常存在不同程度的凹凸变化，多与平面使用功能有关，有些同时具有增加日照辐射、组织自然通风等功能。本模拟主要分析形体变化对获取日照辐射的影响，为尽量简化模型，仅在其南立面设置凹凸变化。具体分为单个凹凸变化和多个凹凸变化两个类别。

①单个凹凸变化：在立面有单个凹凸的模型中，保持模型南向投影面、底面面积不变，改变凹凸宽度及其与南立面的距离。其中，凹凸的深度在−8~8 m 之间变化，变化步长为 2 m，负数表示凹入、正数表示凸出，数字大小代表凹凸的具体深度。凹凸的宽度在 4~32 m 之间变化，变化步长为 4 m，数字大小代表凹凸的具体宽度。所有凹凸位置均设置在南立面的中部，见图 3-10、图 3-11。

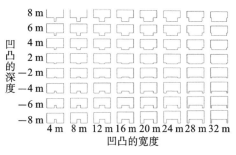

图 3-10　单个凹凸变化平面示意图　　　　　图 3-11　单个凹凸变化三维模型示意图

②多个凹凸变化：在多个凹凸变化中，不改变建筑南向投影面及底面面积，仅改变凹凸的数量，且凹凸部分的深度和宽度固定为 3 m×3 m。分别设置 1~5 个凹入和 1~5 个凸出，共计构建形成 10 个形体变化模型，见表 3-15。

表 3-15　表面具有多个凹凸变化的平面及三维模型示意图

编号	凹		编号	凸	
	平面示意图	三维模型示意图		平面示意图	三维模型示意图
A1			T1		

编号	凹		编号	凸	
	平面示意图	三维模型示意图		平面示意图	三维模型示意图
A2			T2		
A3			T3		
A4			T4		
A5			T5		

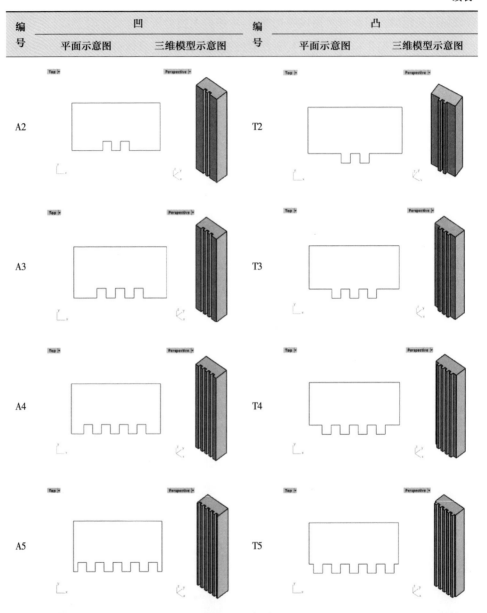

2）面宽进深比变化

模型的面宽进深比，指其底面形状的东西向长度与南北向长度的比值。在保持模型高度相同且底面积相同的条件下，改变其面宽进深比，使其在1～6.25间变化，变化步长为0.75。详见图3-12、图3-13。

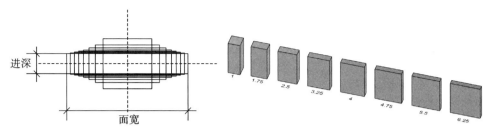

图 3-12　面宽进深比变化的平面示意图　　　　图 3-13　面宽进深比变化的三维模型示意图

3.3.3　不同形体的模拟分析

1）基本形体变化的模拟

对 7 个形体变化模型（见表 3-14）的模拟结果显示，除锯齿形外，其余形体的日照获取潜力与其体形系数变化趋势类同。 其中，折角形获取的日照辐射量最大，其体形系数也相对较大（但比锯齿形小），因此在做好围护结构保温的前提下，较推荐折角形建筑形体。 锯齿形建筑形体的日照获取潜力较小且体形系数较大，对节能最不利，在设计中应尽量避免。 详见图 3-14、图 3-15。

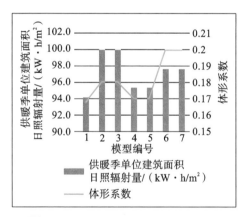

图 3-14　基本形体变化与供暖季单位　　　　图 3-15　基本形体变化与全年单位
建筑面积日照辐射量　　　　　　　　建筑面积日照辐射量

2）单个凹凸变化形体的模拟

对单个凹凸变化形体的模拟结果显示，当凹凸部分深度的绝对值与其宽度相同时，凹入比凸出的体形系数更大，同时更有利于日照辐射的获取，且随着凹入深度的绝对值及宽度的增大，体形系数及获取日照辐射的潜力更大。 在对凹入形体的模拟中，如果凹入深度保持不变，则体形系数及获得日照辐射的潜力与宽度呈正相关关系；对凸出形体的模拟结果正好相反，体形系数及获得日照辐射的潜力与宽度呈负相关关系。 详见图3-16、图3-17。

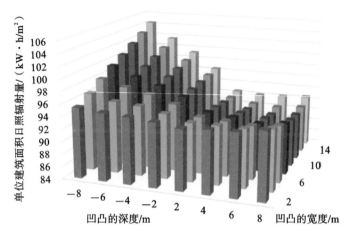

图3-16　单个凹凸变化与对应单位建筑面积辐射量变化情况（供暖季）

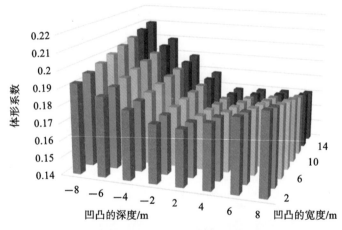

图3-17　单个凹凸变化与对应体形系数变化情况（全年）

3）多个凹凸变化形体的模拟

对多个凹凸变化形体（见表3-15）的模拟结果显示，凹入的形体可获取更多日照辐射量（与前述单个凹凸形体模拟结果一致）。 体形系数随凹凸数量变化有小幅波动，变化幅度为0.036，日照辐射量最大差值约为7 kW · h/m^2，见图3-18、图3-19。 体形系数较大的形体，有可能造成更多围护结构失热，日照得热与围护结构失热之间如何进行权衡优化，尚待进一步研究。

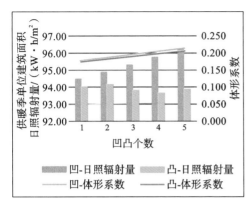
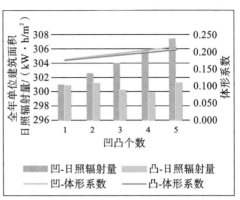

图 3-18　多个凹凸变化形体供暖季单位　　　　图 3-19　多个凹凸变化形体全年单位
　　　　建筑面积日照辐射量　　　　　　　　　　　　　建筑面积日照辐射量

　　4）面宽进深比变化模拟

　　对不同面宽进深比形体的模拟结果显示，单位建筑面积日照辐射量与体形系数
呈明显正相关关系，且两者斜率相同，即面宽进深比对体形系数和辐射得热都存在
影响，且影响类似。 其中，面宽进深比为 1～2 之间的模型，其体形系数存在细微
变化，故对该类形体做进一步细分，并进行补充模拟。 结果发现，面宽进深比为
1～1.3 之间获取日照辐射的变化较为平缓，且依次递增，整体呈正相关关系（见
图 3-20～图 3-23）。

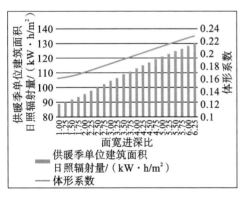
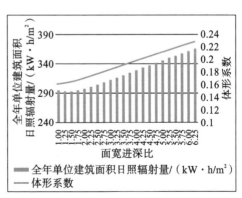

图 3-20　面宽进深比（1～6.25）与供暖季单位建筑　　　图 3-21　面宽进深比（1～6.25）与全年单位建筑
　　　　面积日照辐射量及体形系数的关系　　　　　　　　　　面积日照辐射量及体形系数的关系

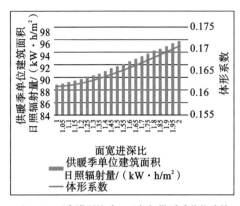

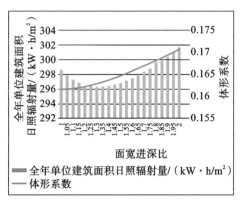

图3-22　面宽进深比（1~2）与供暖季单位建筑面积日照辐射量及体形系数的关系　　**图3-23　面宽进深比（1~2）与全年单位建筑面积日照辐射量及体形系数的关系**

　　总体而言，面宽进深比越大获得的日照辐射量越大，但该比例对得热和失热（体形系数）均有较大影响，不能仅从得热角度盲目扩大南向投影面积，需要对得热与失热进行综合权衡优化，以便在合理的体形系数范围内获得更多的日照辐射得热。

3.4　兰州城镇住区设计导控要点

　　基于本章前述分析，从日照获取、利用潜力视角，对兰州城镇住区提出设计导控要点及建议如下。

　　①关于住区布局。　从单位建筑面积日照获取量看，行列式布局总体优于围合式布局；在用地允许的范围内，可适当增加行列式布局的东西向错动，同时应尽量减少南北向错动。

　　②关于住区朝向。　行列式布局下，南偏西5°为最佳朝向，正南—南偏西10°之间为较佳朝向；扇形布局下，正南为最佳朝向。

　　③关于住宅形体。　当建筑面积一定时，建议优先选择折角形而非锯齿形；当建筑面积与南立面面积一定时，立面凹入的形体更有利于日照辐射的获取；面宽进深比越大时，获得日照辐射的潜力越大，但同时体形系数也越大，因此需要对得热与失热进行权衡计算和综合优化设计。

第4章

西宁城镇住区日照获取、
利用潜力及设计导控

4.1 模型构建与软件模拟

4.1.1 住区布局模型

在一个假设的 400 m×250 m（10 公顷）用地范围内，按照布局类型、建筑密度和建筑层数的不同，构建住区布局的分析模型。第一，按照建筑布局（A 平行行列式、B 横向错列式、C 山墙错列式）的不同，将拟构建的住区模型分为 3 类；第二，按照建筑密度（18%、36%）的不同，将 3 类模型细分为 6 组，其中，A1、B1、C1组建筑密度均为 18%，A2、B2、C2 组建筑密度均为 36%；第三，按照建筑层数（3~24 层）和容积率（0.54~4.32）的不同，在每个小组构建 4~8 个具体模型。其中 A1、B1、C1 组的建筑层数和容积率细分层级相同；A2、B2、C2 组的建筑层数及容积率细分层级相同。最终形成体现不同建筑布局、建筑密度、建筑高度和容积率组合下的 36 个分析模型。为简化模拟计算，建筑造型中的悬挑、凹凸等细部变化，在分析模型中未做体现。详见表 4-1、表 4-2、图 4-1。

表 4-1 分析模型分类

分组	模型编号	布局类型	建筑密度	建筑层数	容积率
A1	1	平行行列式	18%	3	0.54
	2		18%	6	1.08
	3		18%	9	1.62
	4		18%	12	2.16
	5		18%	15	2.7
	6		18%	18	3.24
	7		18%	21	3.78
	8		18%	24	4.32
A2	9	平行行列式	36%	3	1.08
	10		36%	6	2.16
	11		36%	9	3.24
	12		36%	12	4.32

分组	模型编号	布局类型	建筑密度	建筑层数	容积率
B1	13	横向错列式	18%	3	0.54
	14		18%	6	1.08
	15		18%	9	1.62
	16		18%	12	2.16
	17		18%	15	2.7
	18		18%	18	3.24
	19		18%	21	3.78
	20		18%	24	4.32
B2	21	横向错列式	36%	3	1.08
	22		36%	6	2.16
	23		36%	9	3.24
	24		36%	12	4.32
C1	25	山墙错列式	18%	3	0.54
	26		18%	6	1.08
	27		18%	9	1.62
	28		18%	12	2.16
	29		18%	15	2.7
	30		18%	18	3.24
	31		18%	21	3.78
	32		18%	24	4.32
C2	33	山墙错列式	36%	3	1.08
	34		36%	6	2.16
	35		36%	9	3.24
	36		36%	12	4.32

表4-2 分析模型的形态布局影响因素及相关参数变化范围

影响因素	变化范围
布局类型	A组-平行行列式、B组-横向错列式、C组-山墙错列式
建筑密度	18%，36%

影响因素	变化范围
楼层数	3、6、9、12、15、18、21、24
容积率	0.54、1.08、1.62、2.16、2.7、3.24、3.78、4.32

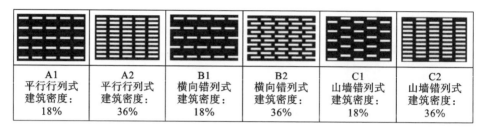

| A1
平行行列式
建筑密度:
18% | A2
平行行列式
建筑密度:
36% | B1
横向错列式
建筑密度:
18% | B2
横向错列式
建筑密度:
36% | C1
山墙错列式
建筑密度:
18% | C2
山墙错列式
建筑密度:
36% |

图4-1 住区形态布局分类模型示意图

4.1.2 软件模拟分析

1）模拟分析工具

为研究不同形态布局设计参数对住区日照获取潜力的影响，采用控制变量法进行模拟分析。具体采用 Rhinoceros 6.0 及其自带的 Grasshopper 插件进行日照辐射相关模拟分析。Rhinoceros 6.0 是应用广泛的三维建模工具，具有兼容性强、建模效果良好、接口齐全、可以与多种插件相互接入且运算速度快的优点，其 Grasshopper 插件可以针对 Rhinoceros 6.0 中构建的分析模型，基于特定的天空、日照和时间条件，生成详细的日照辐射结果。

2）模拟结果表达

模拟结果的分析和表达可分为两类。

其一，日照获取潜力的总体情况。对建筑表面日照辐射量的模拟结果，采用从白—蓝—黄—红逐渐过渡的形式进行直观表达。颜色越红，表示获得的日照辐射量越大，从而可以很容易看到日照获取潜力较高和较低的区域（见图4-2）。

其二，日照获取潜力的分类情况。根据 Raphael Compagnon 的研究，光伏利用的日照辐射量最低阈值为全年 $800 \ kW \cdot h/m^2$，集热利用的日照辐射量最低阈值为全年 $400 \ kW \cdot h/m^2$，被动式热利用的日照辐射量最低阈值为采暖季 $216 \ kW \cdot h/m^2$。以此为依据，可以对不同类别的日照获取潜力进行分类模拟。以光伏利用潜力为例，可以用白色标识模拟结果小于 $800 \ kW \cdot h/m^2$（光伏利用潜力的最低阈值）的区域，用其他颜色标识模拟结果大于或等于 800 kW·h/m² 的区域，以此显示建筑屋顶、立面等不同位置可光伏利用的范围（见图 4-3）。

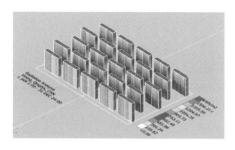 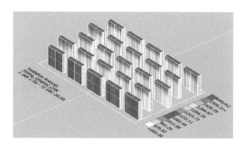

图 4-2　模拟结果示例 1　　　　　　　　　　图 4-3　模拟结果示例 2

4.2　不同容积率、密度下的住区日照获取潜力

4.2.1　单位面积年均日照辐射量

1）单位外表面积年均日照辐射量

对 6 组分析模型单位外表面积可获取的年均日照辐射量进行模拟，结果显示如下。①随着容积率的增大，单位外表面积可获取的年均日照辐射量减少。②当容积率小于 3.24 时，建筑密度较高（36%）的组（A2、B2、C2）日照辐射数值高于建筑密度较低（18%）的组（A1、B1、C1），其中 B2 组数值相对最高。③当容积率趋近 3.24 时，各组日照辐射量趋于相同。④当容积率大于 3.24 时，建筑密度较高（36%）的组（A2、B2、C2）日照辐射数值反而低于建筑密度较低（18%）的组（A1、B1、C1），但各组数值相差不大，其中 A1 组数值相对最高。分析认为，当容积率较低时，较高密度的布局下屋顶面积较大，从而可获取的日照辐射量也较多；当容积率较高时，较低的密度可以增加立面日照辐射量，但其影响较不明显。详见图 4-4。

从设计导控的视角看，当容积率小于 2.16 时，适当增加建筑密度可以增大单位外表面积的日照利用潜力；当容积率大于 2.16 时，较高的建筑密度反而不利于单位外表面积日照集热利用和被动式热利用潜力的增加；对于光伏利用潜力而言，只有

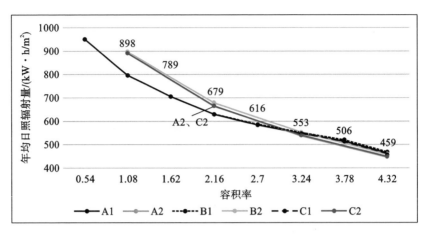

图 4-4 单位外表面积年均日照辐射量

容积率达到 3.78 及以上时，高密度才会表现出劣势。需要注意的是，根据《城市居住区规划设计标准》GB 50180—2018 中表 4.0.2 居住街坊用地与建筑控制指标的规定，对于气候 Ⅵ 区的高层 Ⅱ 类（19～26 层）住宅建筑，用地容积率在 2.7～2.9 之间，因此在实际项目中可不考虑容积率在 3.78 及以上的情况（后同）。

2）单位建筑面积年均日照辐射量

为使模拟结果更贴近实际应用，将单位外表面积年均日照辐射量转化为单位建筑面积年均日照辐射量，结果显示如下。①单位建筑面积年均日照辐射量的变化趋势与单位外表面积年均日照辐射量情况相近，总体上均随容积率的增大而减小。②当容积率小于或等于 3.78 时，建筑密度较高（36%）的组（A2、B2、C2）日照辐射数值高于建筑密度较低（18%）的组（A1、B1、C1），其中 B2 组数值相对最高。③当容积率大于 3.78 时，建筑密度较低的组（A1、B1、C1）日照辐射数值反而逐渐高于建筑密度较高的组（A2、B2、C2）。详见图 4-5。

从设计导控的视角看，当容积率取值在 3.78 及 3.78 以下时，适当增加建筑密度可以增大单位建筑面积的日照获取潜力；当容积率超过 3.78 时，适当减小建筑密度则更为有利。因为高容积率下，建筑密度较低时，建筑立面面积的增加带来的日照辐射量超过了高密度下屋顶带来的日照辐射量。

3）单位立面面积年均日照辐射量

对 6 组分析模型单位立面面积可获取的年均日照辐射量进行模拟，结果显示如下。①当容积率增加时，立面获取的年均日照辐射量减少。②建筑密度较低（18%）的组（A1、B1、C1）日照辐射量均较高且差异较小；建筑密度较高

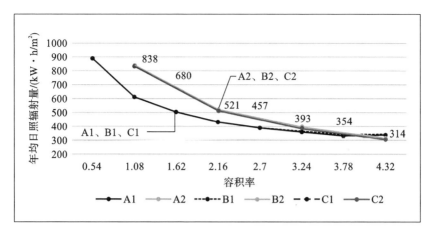

图4-5 单位建筑面积年均日照辐射量

（36%）的组（A2、B2、C2）日照辐射量均较低，且其中 B2 组明显高于 A2、C2组。 ③所有 6 组中，B1 组日照辐射量最高，A2、C2 组最低。 详见图4-6。

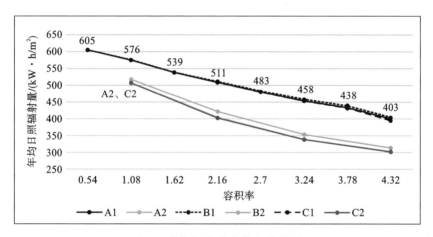

图4-6 单位立面面积年均日照辐射量

从设计导控的视角看，无论容积率如何变化，减小建筑密度均有利于增加立面的光伏利用潜力和被动式热利用潜力。

4.2.2 具有日照利用潜力的面积

1）具有日照利用潜力的外表面积

对住宅外表面具有日照利用潜力的面积进行模拟计算，结果显示如下。 ①当容积率较低时，建筑密度较小的组，其获取的日照辐射量也相对较小；随着容积率的增大，建筑密度较小的组，其获取的日照辐射量会逐渐超过建筑密度较大的组。②从不同的日照利用方式看，变化的转折点有所不同。 从光伏利用阈值看，容积率达到 3.78 左右时出现转折；从集热利用和被动式热利用阈值来看，容积率在 2.16～2.7 之间时出现转折。 详见图 4-7～图 4-9。

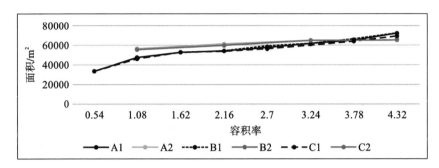

图 4-7　外表面具有光伏利用潜力的面积

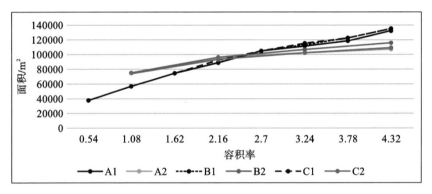

图 4-8　外表面具有集热利用潜力的面积

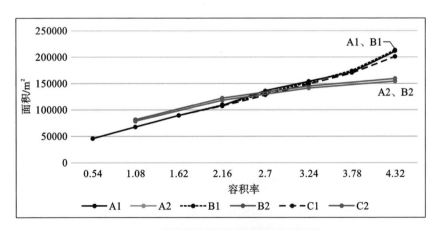

图 4-9　外表面具有被动式热利用潜力的面积

从设计导控的视角看，当容积率处于中低值时，平行行列式、横向错列式和山墙错列式三种形态布局下，适当增加建筑密度，可以增大建筑外表面的集热利用潜力和被动式热利用潜力；当容积率较高时（大于3.78），增加建筑密度，反而会减小建筑外表面的集热利用潜力和被动式热利用潜力。在容积率相同且建筑密度均较低的情况下，横向错列式比平行行列式和山墙错列式布局具有更高的日照利用潜力。

2）具有日照利用潜力的立面面积

住宅立面具有日照利用潜力的面积与外表面总体情况有显著区别。无论容积率如何变化，建筑密度较低的组在立面光伏利用和被动式热利用方面均有显著优势。在集热利用上，容积率很低（小于1.62）时，建筑密度较高的布局更占优势。在容积率和建筑密度相同的情况下，横向错列式（B组）的集热利用潜力和被动式热利用潜力优于平行行列式（A组）和山墙错列式（C组）。详见图4-10～图4-12。

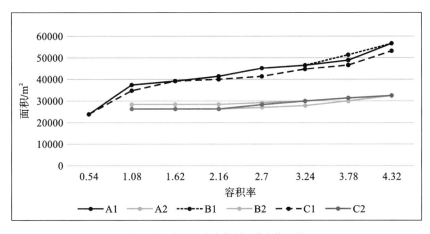

图 4-10　立面具有光伏利用潜力的面积

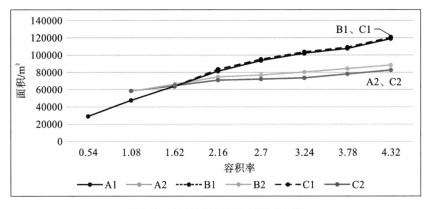

图 4-11　立面具有集热利用潜力的面积

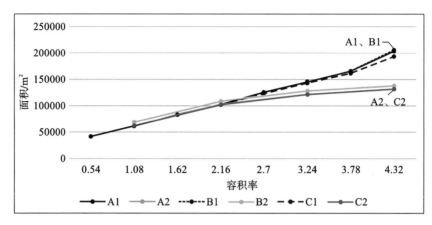

图 4-12　立面具有被动式热利用潜力的面积

　　从设计导控的视角看，无论容积率如何变化，减小建筑密度均有利于提高立面的光伏利用潜力和被动式热利用潜力，且建筑密度越低，日照利用潜力越大。 在容积率和建筑密度相同的情况下，采用横向错列式布局，比采用平行行列式或山墙错列式布局更有利于提高住宅立面的集热利用潜力和被动式热利用潜力。

4.2.3　日照辐射获取量

1）外表面日照辐射获取量

　　对外表面可获取的日照辐射量进行模拟，结果显示：无论容积率如何变化，建筑密度较大的组（A2、B2、C2），其外表面日照辐射获取量始终远高于建筑密度较小的组（A1、B1、C1）；除非当容积率达到特别高时，建筑密度较小的布局才会显现出优势。 三种布局形式中，平行行列式在光伏利用上稍有优势；横向错列式在集热利用和被动式热利用方面具有较多优势，且建筑密度越大优势相对越明显。 详见图 4-13～图 4-15。

2）立面日照辐射获取量

　　对建筑立面可获取的日照辐射量进行模拟，结果显示：立面日照辐射获取量受建筑密度影响较大。 与外表面日照辐射获取量规律不同，建筑密度较低时立面可获取的日照辐射量较大。 在三种布局形式中，横向错列式在光伏利用、集热利用和被动式热利用的日照辐射量获取上均表现出较大优势，且密度越大，优势相对越明显。 详见图 4-16～图 4-18。

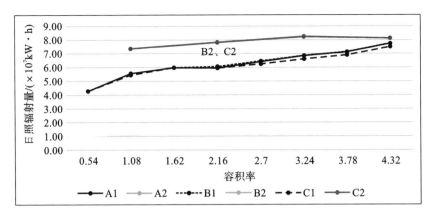

图 4-13　外表面可光伏利用的日照辐射量

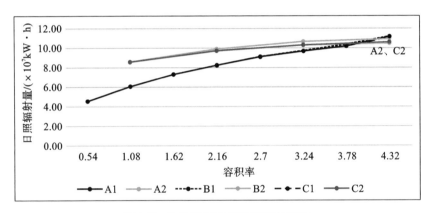

图 4-14　外表面可集热利用的日照辐射量

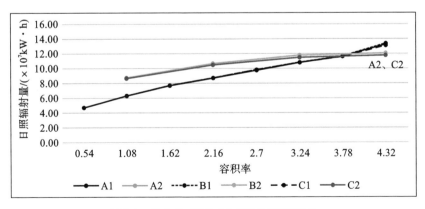

图 4-15　外表面可被动式热利用的日照辐射量

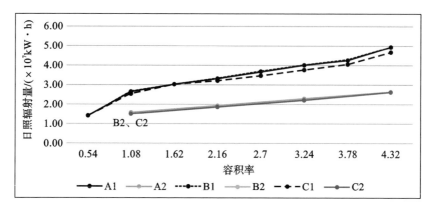

图 4-16　立面可光伏利用的日照辐射量

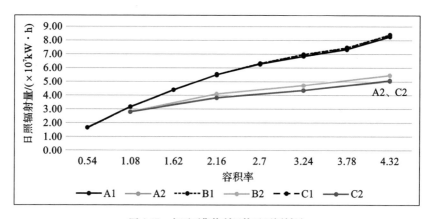

图 4-17　立面可集热利用的日照辐射量

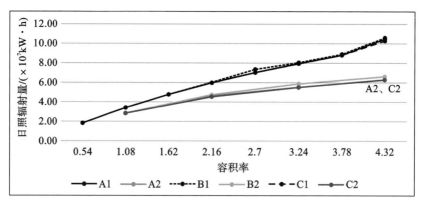

图 4-18　立面可被动式热利用的日照辐射量

4.3 相同容积率、密度下的住区日照获取潜力

4.3.1 不同方向外表面的日照辐射量对比

对三种典型布局住区的四个不同朝向，将全年不同月份的日照辐射获取情况进行模拟，设置不同布局住区的容积率均为 2.7、建筑密度均为 18%，结果显示如下。①三种布局下全年日照辐射量的总体变化情况较为近似。②不同外表面的日照辐射量差异较大。全年日照辐射量从大到小依次为，屋顶>南墙>西墙>东墙>北墙；屋顶日照辐射量的最高值可达同时段南墙的 5 倍、西墙的 3.5 倍、东墙的 4 倍、北墙的 9 倍；五月至七月，南墙日照辐射量小于东墙和西墙。③不同外表面日照辐射量峰值的出现时间不同，屋顶的最大值和最小值出现时间分别为七月和十二月，南墙的为二月和六月，西墙的为四月和十二月，东墙的为四月和十一月，北墙的为六月和十一月。④不同外表面在一年不同月份的日照辐射量波动情况有较大差异。其中，屋顶的变化幅度最大，以平行行列式为例，日照辐射量的最大值（182.49 kW·h/m²）与最小值（73.57 kW·h/m²）之差为 108.92 kW·h/m²；其次是南墙，最大值（86.05 kW·h/m²）与最小值（30.72 kW·h/m²）之间差距为 55.33 kW·h/m²；西墙、东墙和北墙随月份的变化幅度较小。详见图 4-19～图 4-21。

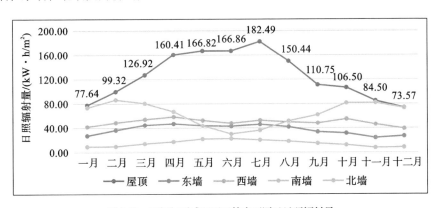

图 4-19　平行行列式下不同外表面逐月日照辐射量

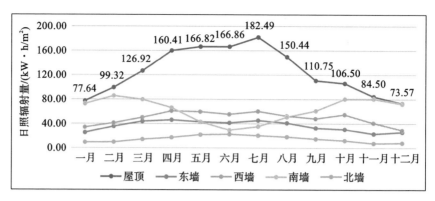

图4-20　横向错列式下不同外表面逐月日照辐射量

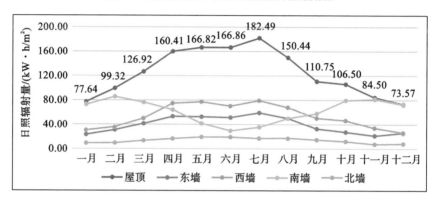

图4-21　山墙错列式下不同外表面逐月日照辐射量

4.3.2　相同方向外立面的日照辐射量对比

对相同容积率的三种典型住区布局下，相同方向外立面在全年不同月份的日照辐射量获取情况进行模拟和对比分析，结果显示：山墙错列式布局下的东墙和西墙，在四至八月间的日照辐射量会明显超过另外两种布局形式。除此之外，三种布局在不同方向外立面的日照辐射获取情况差异不大。详见图4-22～图4-25。

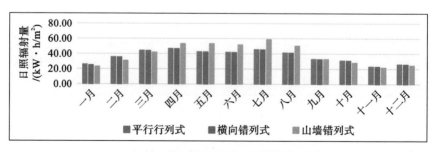

图4-22　三种布局下东墙逐月日照辐射量对比

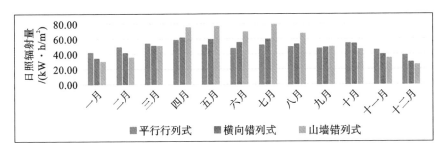

图 4-23　三种布局下西墙逐月日照辐射量对比

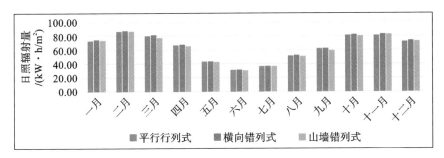

图 4-24　三种布局下南墙逐月日照辐射量对比

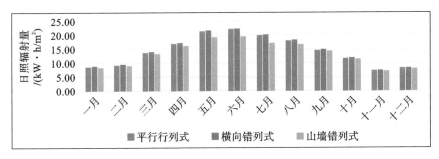

图 4-25　三种布局下北墙逐月日照辐射量对比

4.4　不同布局下住宅立面的日照利用潜力

4.4.1　软件模拟相关设置

基于前文对西宁市住区的实地调研结果及软件模拟的具体需要，构建住宅分析模型并进行如下设置。

①朝向：从日照利用的角度，主要选择南立面进行分析。 基于前文对西宁市住区的实地调研结果，将模拟分析的立面朝向范围设置在南偏西45°—南偏东45°之间。

②高度：根据《城市居住区规划设计标准》GB 50180—2018中对建筑高度的规定，结合西宁市高密度住宅区建筑高度的现状调研，同时参考青海省建筑设计研究院提供的西宁市常用住宅层高（2.8 m），将模型层数设为28层，总高为28×2.8 m = 78.4 m。

③日照标准：根据《建筑气候区划标准》GB 50178—1993，西宁市属于气候Ⅵ区；再根据《城市居住区规划设计标准》GB 50180—2018表4.0.9规定，该地区日照时数标准为冬至日≥1小时。

④图示表达：对模拟结果的图示表达采用两种形式。 其一，在立面图示表达中用色彩进行可视化表达。 例如，用红色、黄色标识光伏利用、集热利用或被动式热利用潜力的程度和范围，颜色越深代表利用潜力越大，用白色标识无日照利用潜力的范围。 其二，用折线图、柱状图等表达模拟结果的具体数据及其分布和走向。

4.4.2　平行行列式布局下立面的日照利用潜力

平行行列式布局下住宅立面日照利用潜力的模拟分析对象，设置在该布局典型分析模型的三个代表性位置，即西侧外围、中部、东侧外围的建筑立面，日照遮挡面设置在其南侧相邻的建筑立面（见图4-26）。 模拟分析中，不考虑住区周边建筑及其他环境影响，仅分析住区内部互相遮挡情况下的日照获取潜力。

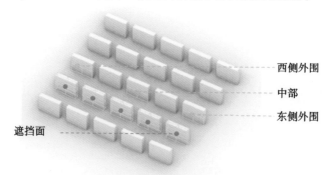

图4-26　平行行列式布局—日照模拟分析位置示意图

1. 光伏利用潜力

1）南偏西 45°—南偏东 45°范围

对立面朝向在南偏西 45°—南偏东 45°范围（以 15°为步长）变化的全年日照辐射获取情况进行模拟，结果如下（见图 4-27、图 4-28）。

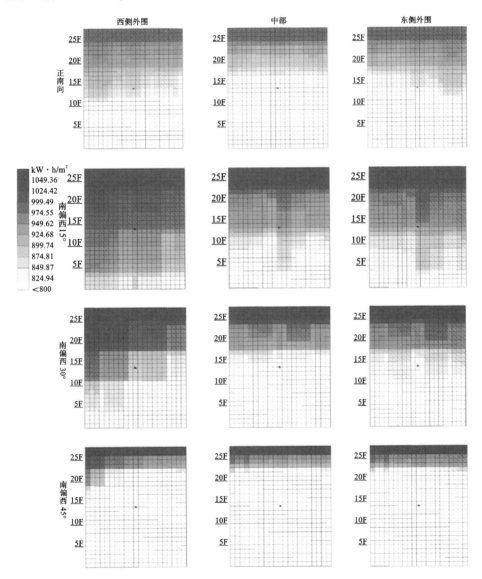

图 4-27 平行行列式布局—立面为正南向及朝西偏转时全年具有光伏利用潜力的日照辐射分布示意图

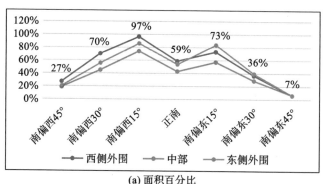

(a) 面积百分比

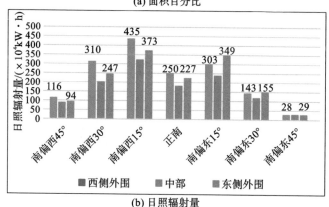

(b) 日照辐射量

图4-28 平行行列式布局—不同位置立面全年具有光伏利用潜力的面积百分比及日照辐射量

①南偏西30°—南偏东15°之间均具有较大的光伏利用潜力。在此朝向区间内，光伏利用潜力面积百分比与光伏利用日照辐射量排序为：南偏西15°>南偏东15°>南偏西30°>正南向。

②立面朝东和朝西偏转相同角度时，朝西的光伏利用潜力明显大于朝东，且偏转角度越大，差异越明显。以正南向为基点，朝西偏转45°时，西侧外围立面仍有约1/6的区域（第24层及24层以上）具有光伏利用潜力，而朝东偏转45°时，只有约1/14（第27层及27层以上）具有光伏利用潜力，且前者可光伏利用的日照辐射量（116×10^4 kW·h）约为后者（28×10^4 kW·h）的4.1倍。

③可光伏利用日照辐射量随角度变化的波动幅度特别大。以西侧外围为例，南偏西15°时光伏利用潜力面积百分比可达97%，而南偏东45°时仅有7%，相差近14倍。南偏西15°时的可光伏利用日照辐射量可达435×10^4 kW·h，而南偏东45°时仅为28×10^4 kW·h，差距近16倍。

④当立面朝西偏转时，约1/6的区域（第24层及24层以上）始终具有较高的

光伏利用潜力，且高度越高，可光伏利用的日照辐射获取量越大，此变化规律与实地调研中发现的规律一致。

⑤光伏利用潜力在不同位置差异较明显。 可光伏利用的日照辐射量情况，在朝东偏转时，东侧外围>西侧外围>中部（南偏东15°时差异较大，其他角度差异较小）；在正南向或朝西偏转时，西侧外围>东侧外围>中部（差异均较大）。 此变化规律与实际调研中发现的规律一致。

2）南偏西30°—南偏东30°范围（细分）

对立面朝向在南偏西30°—南偏东30°范围（以5°为步长细分变化）的全年日照辐射获取情况进行模拟，结果如下（见图4-29、图4-30）。

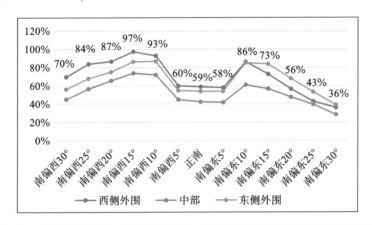

图4-29 平行行列式布局—不同位置立面全年具有光伏利用潜力的面积百分比细分图

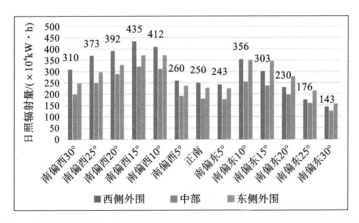

图4-30 平行行列式布局—不同位置立面全年具有光伏利用潜力的日照辐射量细分图

①南偏西15°方向仍为光伏利用潜力最大的朝向。

②南偏西30°—南偏西10°以及南偏东10°—南偏东15°范围均具有较大的光伏利

用潜力。 南偏西5°—南偏东5°以及南偏东20°—南偏东30°范围内光伏利用潜力相对较小，特别在南偏东30°时，光伏利用潜力明显降低。

③不同朝向光伏利用潜力差异依然较明显。 在可光伏利用的日照辐射量方面，在南偏东15°—南偏东30°范围内，东侧外围>西侧外围>中部；在南偏西30°—南偏东10°范围内，西侧外围>东侧外围>中部。

2. 集热利用潜力

1）南偏西45°—南偏东45°范围

对立面朝向在南偏西45°—南偏东45°范围（以15°为步长）变化的日照辐射获取情况进行模拟，结果如下（见图4-31～图4-34）。

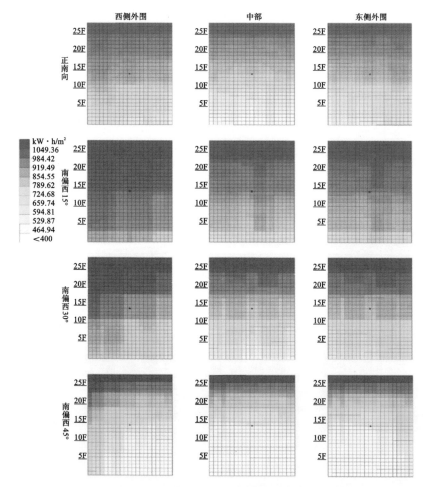

图4-31　平行行列式布局—立面为正南向及朝西偏转时全年具有集热利用潜力的日照辐射分布示意图

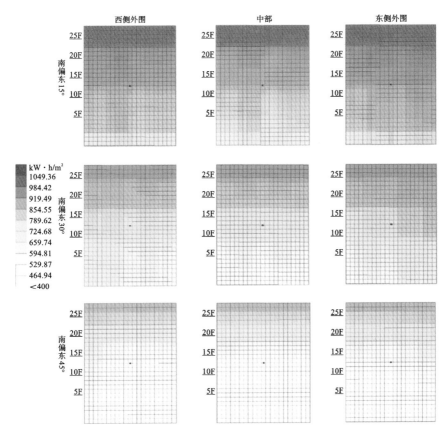

图 4-32　平行行列式布局—立面朝东偏转时全年具有集热利用潜力的日照辐射分布示意图

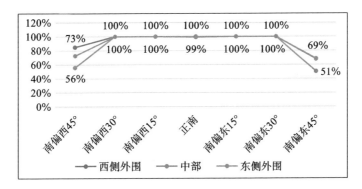

图 4-33　平行行列式布局—不同位置立面全年具有集热利用潜力的面积百分比

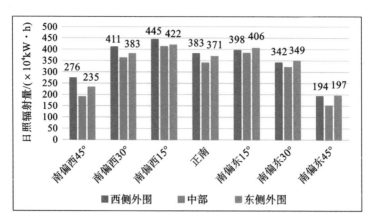

图 4-34 平行行列式布局—不同位置立面全年具有集热利用潜力的日照辐射量

①南偏西30°—南偏东30°之间均具有较大的集热利用潜力。 在此区间内，可集热利用的日照辐射量排序为：南偏西15°＞南偏西30°＞南偏东15°＞正南＞南偏东30°。

②立面分别朝东和朝西偏转相同角度时，具有集热利用潜力的面积百分比差异不大，但可集热利用的日照辐射量朝西大于朝东，且偏转角度越大差异越明显。 西侧外围南偏西15°的日照辐射量（445×10⁴ kW·h）约为南偏东15°（398×10⁴ kW·h）的1.1倍；西侧外围南偏西45°的日照辐射量（276×10⁴ kW·h），约为南偏东45°（194×10⁴ kW·h）的1.4倍。

③无论朝东还是朝西偏转，立面约1/2的区域（第15层及以上）始终具有集热利用潜力，且高度越高可集热利用的日照辐射量越大。

④不同位置立面集热利用潜力差异较大。 南偏西30°—南偏东30°范围内不同位置立面中，具有集热利用潜力的面积百分比均为100%；当立面朝向偏转角度超过30°时，该数值急剧下降，最小值（51%）约为最大值（100%）的1/2。 可集热利用的日照辐射量方面，朝东偏转时，东侧外围＞西侧外围＞中部（差异较小）；正南向和朝西偏转时，西侧外围＞东侧外围＞中部（差异较大）。

2）南偏西30°—南偏东30°范围（细分）

对立面朝向在南偏西30°—南偏东30°范围（以5°为步长细分）变化的全年日照辐射获取情况进行模拟，结果如下（见图4-35、图4-36）。

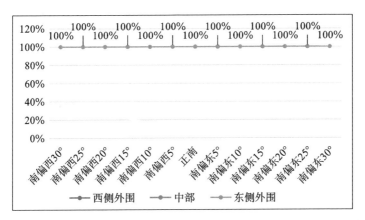

图4-35 平行行列式布局—不同位置立面全年具有集热利用潜力的面积百分比细分图

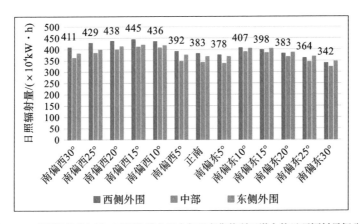

图4-36 平行行列式布局—不同位置立面全年具有集热利用潜力的日照辐射量细分图

①具有集热利用潜力的最佳角度范围可分为两个档次。第一档为南偏西30°—南偏西10°、南偏东10°—南偏东15°；第二档为南偏西5°—南偏东5°、南偏东20°—南偏东30°。

②在南偏西30°—南偏东10°范围内，具有集热利用潜力的日照辐射量，西侧外围>东侧外围>中部；在南偏东15°—南偏东30°范围内，具有集热利用潜力的日照辐射量，东侧外围>西侧外围>中部。

3. 被动式热利用潜力

1）南偏西45°—南偏东45°范围

对立面朝向在南偏西45°—南偏东45°范围（以15°为步长）变化的日照辐射获取情况进行模拟分析。模拟时段分为全年和供暖季，其中全年指1月1日至12月

31 日（共 12 个月）；供暖季指 10 月 15 日至次年 4 月 15 日（共 6 个月）。 模拟结果如下。

（1）全年情况（见图 4-37～图 4-40）。

①全年中，南偏西 30°—南偏东 30°范围内均具有较大的被动式热利用潜力，可被动式热利用的日照辐射量排序为，南偏西 15°>南偏西 30°>南偏东 15°>正南>南偏东 30°。 在南偏西 30°—南偏东 30°范围内具有被动式热利用潜力的面积百分比均为 100%，偏转角度超过 30°时，该百分比有所下降，但下降幅度较小，最小值（88%）为最大值（100%）的 88%。

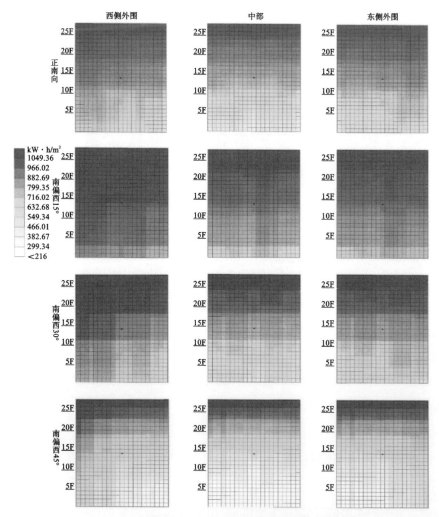

图 4-37　平行行列式布局—立面为正南向及朝西偏转时全年具有
被动式热利用潜力的日照辐射分布示意图

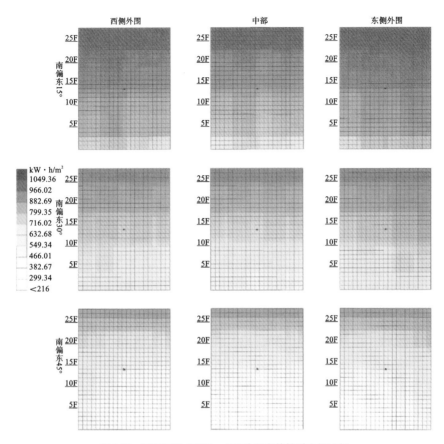

图4-38 平行行列式布局—立面为朝东偏转时全年具有
被动式热利用潜力的日照辐射分布示意图

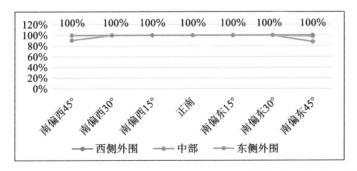

图4-39 平行行列式布局—不同位置立面全年具有被动式热利用潜力的面积百分比

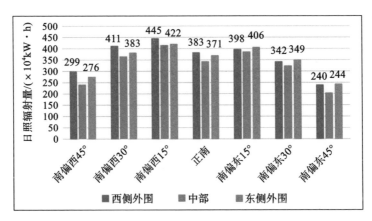

图 4-40　平行行列式布局—不同位置立面全年具有被动式热利用潜力的日照辐射量

②全年中，立面朝东和朝西偏转相同角度时，具有被动式热利用潜力的面积百分比差异不大。可被动式热利用的日照辐射量，朝西略大于朝东。西侧外围全年可被动式热利用的日照辐射量随角度变化的波动幅度与光伏利用和集热利用相比较小，最大值（445×10^4 kW·h）约为最小值（240×10^4 kW·h）的 1.9 倍。

③全年中，立面约 4/5 的区域（第 6 层及 6 层以上）均具有可被动式热利用的日照辐射量。

④全年中，具有被动式热利用潜力的面积百分比随角度变化较小，全年可被动式热利用的日照辐射量，朝东偏转时，东侧外围>西侧外围>中部；正南向和朝西偏转时，西侧外围>东侧外围>中部。

（2）供暖季情况（见图 4-41～图 4-44）。

①供暖季中，南偏西 30°—南偏东 30° 范围内均具有较大的被动式热利用潜力。在此区间内，具有被动式热利用潜力的日照辐射量排序为南偏西 15°>南偏东 15°>正南>南偏西 30°>南偏东 30°；南偏西 30°—南偏东 30° 范围内，具有被动式热利用潜力的面积百分比均为 100%，超过南偏西 30° 和南偏东 30° 时，具有被动式热利用潜力的面积百分比急剧下降，最小值（44%）为最大值（100%）的 44%。

②供暖季中，立面分别朝东和朝西偏转相同角度时，具有被动式热利用潜力的面积百分比基本呈对称分布，但是具有被动式热利用潜力的日照辐射量朝西时大于朝东，且该辐射量随角度变化的波动幅度与全年时段情况类似。西侧外围供暖季具

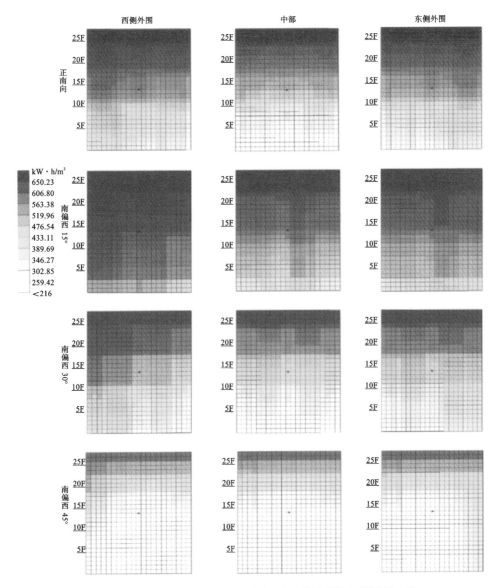

图 4-41　平行行列式布局—立面为正南向及朝西偏转时供暖季具有被动式热利用潜力的日照辐射分布示意图

有被动式热利用潜力的日照辐射量最大值（280×10^4 kW · h）为最小值（105×10^4 kW · h）的 2.7 倍。

③供暖季中，立面约 2/5 的区域（第 16 层及 16 层以上）可以获取具有被动式热利用潜力的日照辐射量。

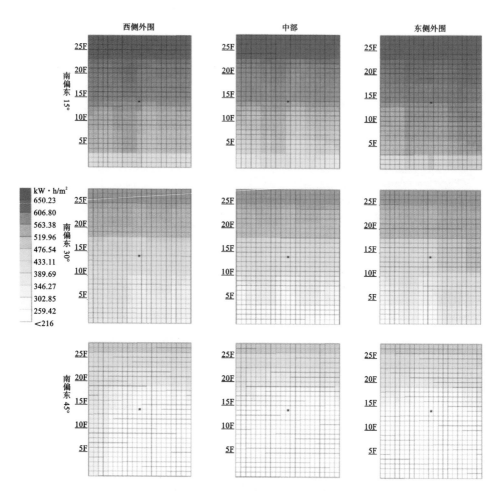

**图 4-42 平行行列式布局—立面朝东偏转时供暖季具有被动式
热利用潜力的日照辐射分布示意图**

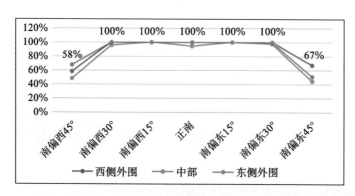

图 4-43 平行行列式布局—不同位置立面供暖季具有被动式热利用潜力的面积百分比

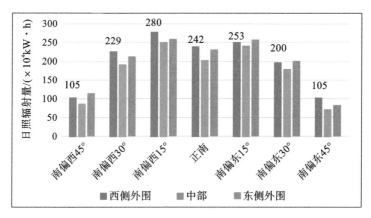

图 4-44　平行行列式布局—不同位置立面供暖季具有被动式热利用潜力的日照辐射量

④供暖季中，不同位置具有被动式热利用潜力的日照辐射量有所差异，在南偏东 15°时，东侧外围>西侧外围>中部；在研究范围内的其他角度时，西侧外围>东侧外围>中部。

2）南偏西 30°—南偏东 30°范围（细分）

（1）全年细分情况（见图 4-45、图 4-46）。

对立面朝向在南偏西 30°—南偏东 30°范围（以 5°为步长细分）变化的全年日照辐射获取情况进行模拟，结果显示平行行列式布局下，全年具有被动式热利用潜力的日照辐射分布与具有集热利用潜力的日照辐射分布情况一致，因此不再赘述。

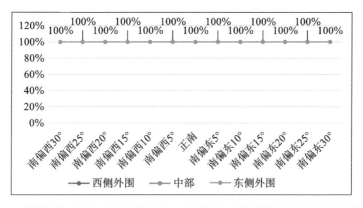

图 4-45　平行行列式布局—不同位置立面全年具有被动式热利用潜力的面积百分比细分图

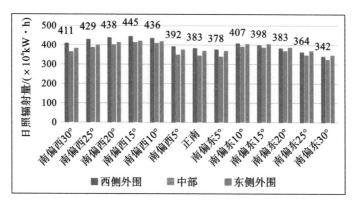

图 4-46 平行行列式布局—不同位置立面全年具有被动式热利用潜力的日照辐射量细分图

（2）供暖季细分情况（见图 4-47、图 4-48）。

对立面在南偏西 30°—南偏东 30°范围（以 5°为步长细分）变化的供暖季日照辐射获取情况进行模拟，结果显示如下。

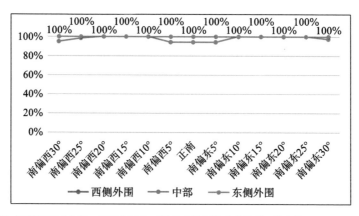

图 4-47 平行行列式布局—不同位置立面供暖季具有被动式热利用潜力的面积百分比细分图

①供暖季中，不同位置具有被动式热利用潜力的面积百分比及日照辐射量差异不显著；南偏西 15°方向仍为被动式热利用潜力最大朝向。

②供暖季中，可被动式热利用的日照辐射最佳角度区间可分为两个档次。 A 档：南偏西 25°—南偏西 10°、南偏东 10°—南偏东 15°。 B 档：南偏西 30°、南偏西 5°—南偏东 5°、南偏东 20°—南偏东 30°。 条件允许时，建议优先考虑 A 档区间。

③供暖季中，不同位置具有被动式热利用潜力的日照辐射量有所差异，在南偏西 30°—南偏东 10°范围内，西侧外围>东侧外围>中部；在南偏东 15°—南偏东 30°范围内，东侧外围>西侧外围>中部。

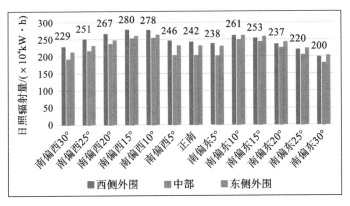

图4-48 平行行列式布局—不同位置立面供暖季具有被动式热利用潜力的日照辐射量细分图

4.4.3 横向错列式布局下立面的日照利用潜力

横向错列式布局下的模拟对象，设置在横向错列式布局典型分析模型的五个代表性位置，分别位于 Z 行和 2 行，对其分别命名为：Z-西侧外围、中部、Z-东侧外围、2-西侧外围、2-东侧外围。 日照遮挡面设置在其南侧相邻的建筑立面。 模拟分析中，不考虑住区周边建筑及其他环境影响，仅分析住区内部互相遮挡情况下的日照获取潜力。 详见图4-49。

图4-49 横向错列式布局—日照模拟分析位置示意图

1. 光伏利用潜力

1）南偏西45°—南偏东45°范围

对立面朝向在南偏西45°—南偏东45°范围（以15°为步长）变化的全年日照辐射获取情况进行模拟，结果如下（见图4-50～图4-55）。

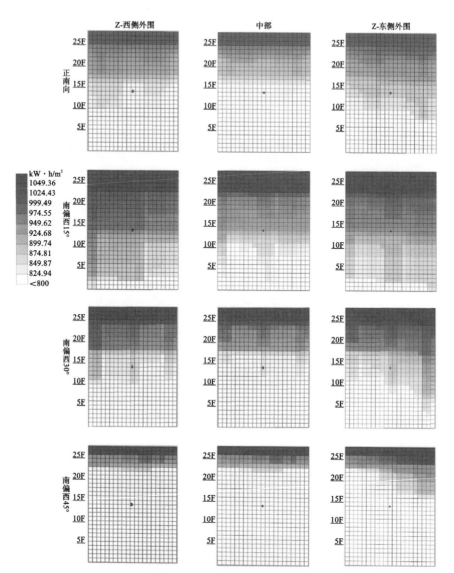

图 4-50　横向错列式布局（Z 行）—立面为正南向及朝西偏转时全年具有光伏利用潜力的日照辐射分布示意图

①立面朝向在南偏西 30°—南偏东 15°之间均具有较大的光伏利用潜力。 在此区间范围内，具有光伏利用潜力的面积百分比与日照辐射量排序为：南偏西 15°>南偏西 30°>南偏东 15°>正南。

②立面朝东和朝西偏转相同角度时，朝西的光伏利用潜力明显大于朝东，且偏

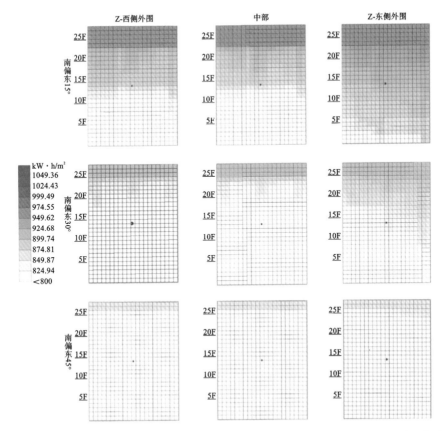

图 4-51 横向错列式布局（Z 行）—立面朝东偏转时全年具有光伏利用潜力的日照辐射分布示意图

转角度越大，差异越明显。 在 2-西侧外围位置，同样偏转 45°时（以正南向为偏转基点），南偏西 45°时立面有约 1/6 的区域（第 24 层及 24 层以上）具有光伏利用潜力，而南偏东 45°时，只有 1/14 的区域（第 27 层、28 层）具有光伏利用潜力，且前者可光伏利用的日照辐射量（311×10⁴ kW·h）约为后者（59×10⁴ kW·h）的 5.3 倍。

③光伏利用潜力随角度变化的波动幅度非常大。 以 2-西侧外围位置为例，南偏西 15°时，具有光伏利用潜力的面积百分比可达 100%，而南偏东 45°时，仅有 15%，前者约为后者的 6.7 倍。 南偏西 15°时，具有光伏利用潜力的日照辐射量可达 459×10⁴ kW·h，而南偏东 45°时仅有 59×10⁴ kW·h，前者约为后者的 7.8 倍。

④立面朝西偏转时，约 1/6 的区域（第 24 层及 24 层以上）始终具有较大的光

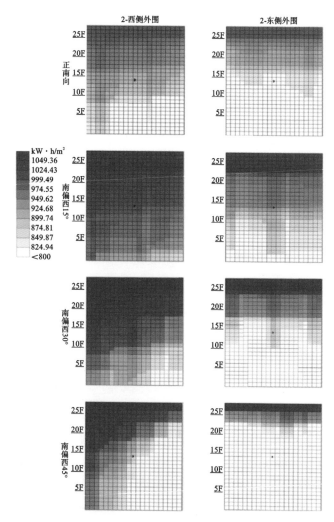

图4-52 横向错列式布局（2行）—立面为正南向及朝西偏转时全年具有光伏利用潜力的日照辐射分布示意图

伏利用潜力。

　　⑤光伏利用潜力在不同位置有所差异，且差异较明显。 在研究角度范围内，正南向和朝西偏转时，具有光伏利用潜力的面积百分比排序为：2-西侧外围>Z-东侧外围>Z-西侧外围>2-东侧外围 >中部。 朝东偏转时，排序为：Z-东侧外围>2-西侧外围>2-东侧外围 > Z-西侧外围>中部。 其中，2-西侧外围位置立面朝西偏转时光伏利用潜力随角度变化的幅度远大于其他位置。

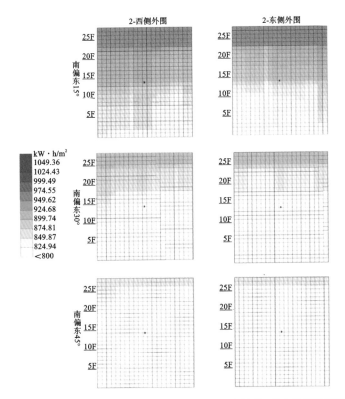

图 4-53 横向错列式布局（2 行）—立面朝东偏转时全年具有光伏利用潜力的日照辐射分布示意图

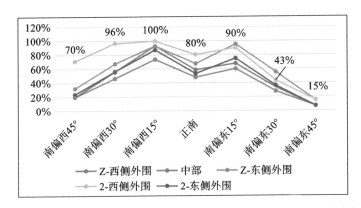

图 4-54 横向错列式布局—不同位置立面全年具有光伏利用潜力的面积百分比

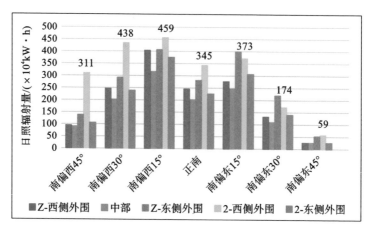

图4-55　横向错列式布局—不同位置立面全年具有光伏利用潜力的日照辐射量

2）南偏西30°—南偏东30°范围（细分）

对立面朝向在南偏西30°—南偏东30°范围（以5°为步长细分）变化的全年日照辐射获取情况进行模拟，结果如下（见图4-56、图4-57）。

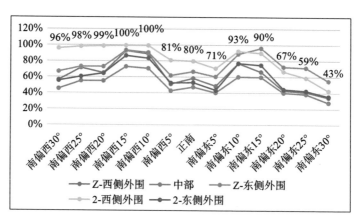

图4-56　横向错列式布局—不同位置立面全年具有光伏利用潜力的面积百分比细分图

①南偏西15°方向仍为光伏利用潜力最大朝向。

②南偏西30°—南偏西10°以及南偏东10°—南偏东15°之间均具有较大的光伏利用潜力；南偏西5°—南偏东5°以及南偏东20°—南偏东30°之间的光伏利用潜力相对较低。

③光伏利用潜力在不同位置有所差异，且差异较明显。 在南偏西30°—南偏东10°之间，具有光伏利用潜力的面积百分比排序为：2-西侧外围>Z-东侧外围>中部。在南偏东15°—南偏东30°之间，排序为：Z-东侧外围>2-西侧外围>中部。

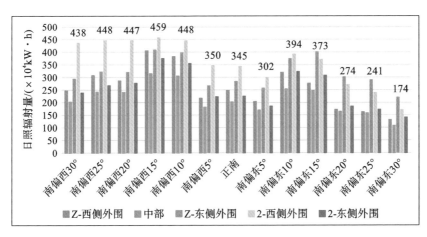

图 4-57　横向错列式布局—不同位置立面全年具有光伏利用潜力的日照辐射量细分图

2. 集热利用潜力

1）南偏西 45°—南偏东 45° 范围

对立面朝向在南偏西 45°—南偏东 45° 范围（以 15° 为步长）变化的全年日照辐射获取情况进行模拟，结果如下（见图 4-58～图 4-63）。

①南偏西 30°—南偏东 30° 之间均具有较大的集热利用潜力。 具有集热利用潜力的日照辐射量排序为：南偏西 15°＞南偏西 30°＞正南＞南偏东 15°＞南偏东 30°。

②在研究角度范围内，无论朝东还是朝西偏转，建筑 2/5 的区域（第 16 层及 16 层以上）始终具有集热利用潜力，且建筑高度越高，可集热利用的日照辐射量越大。

③集热利用潜力在不同位置有所差异，但变化较小。 在南偏西 30°—南偏东 30° 范围内，具有集热利用潜力的面积百分比均为 100%；当朝向偏转超过 30° 时，具有集热利用潜力的面积百分比开始下降，最小值（52%）约为最大值（100%）的 1/2。 在南偏西 45°—正南向范围内，2-西侧外围具有集热利用潜力的日照辐射量始终最高，且随着朝西偏转角度的加大，该位置具有集热利用潜力的日照辐射量与其他位置相比，优势更加明显。 朝东偏转时，Z-东侧外围具有集热利用潜力的日照辐射量始终最高，但南偏东 45° 除外。 无论朝向如何变化，中部位置具有集热利用潜力的日照辐射量始终最低。

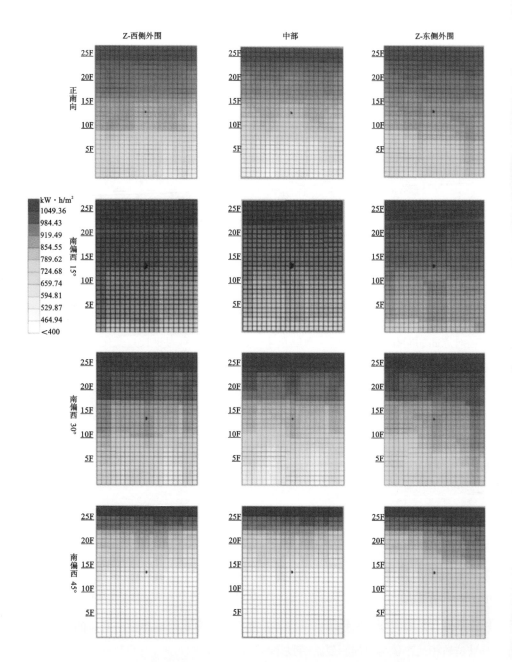

图 4-58　横向错列式布局（Z 行）—立面为正南向及朝西偏转时全年具有
集热利用潜力的日照辐射分布示意图

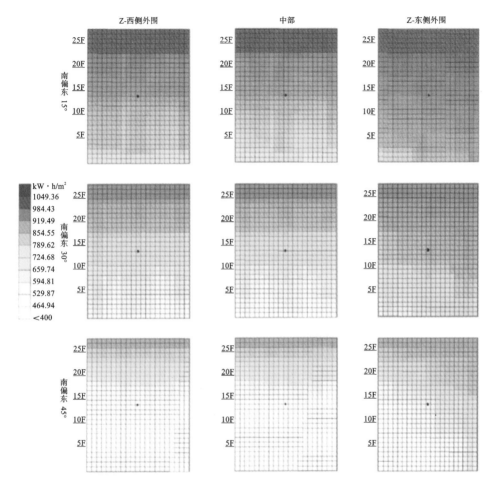

图 4-59　横向错列式布局（Z 行）—立面朝东偏转时全年具有集热利用潜力的日照辐射分布示意图

2）南偏西 30°—南偏东 30° 范围（细分）

对立面朝向在南偏西 30°—南偏东 30° 范围（以 5° 为步长细分）变化的全年日照辐射获取情况进行模拟，结果如下（见图 4-64、图 4-65）。

①在研究角度范围内，具有集热利用潜力的日照辐射量排序所对应的朝向可分为两个档次。A 档：南偏西 30°—南偏东 15°。B 档：南偏东 20°—南偏东 30°。在条件允许时，宜优先考虑 A 档角度区间。

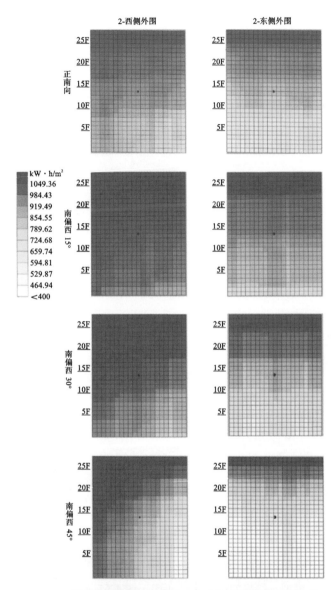

**图4-60　横向错列式布局（2行）—立面为正南向及朝西偏转时
全年具有集热利用潜力的日照辐射分布示意图**

②集热利用潜力在不同位置有所差异。　在南偏西30°—南偏东10°范围内，具有集热利用潜力的日照辐射量排序为：2-西侧外围>Z-东侧外围>中部。　在南偏东15°—南偏东30°范围内，排序为：Z-东侧外围>2-西侧外围>中部。

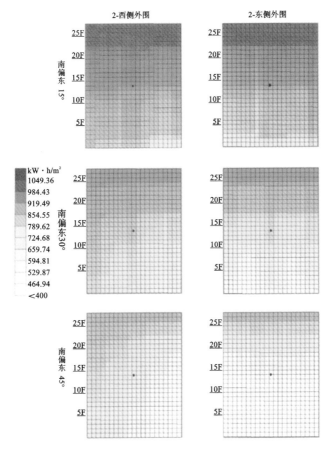

**图 4-61　横向错列式布局（2 行）—立面朝东偏转时全年具有
集热利用潜力的日照辐射分布示意图**

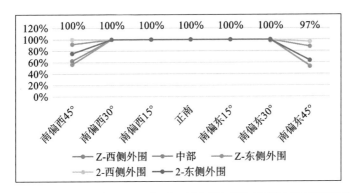

图 4-62　横向错列式布局—不同位置立面全年具有集热利用潜力的面积百分比

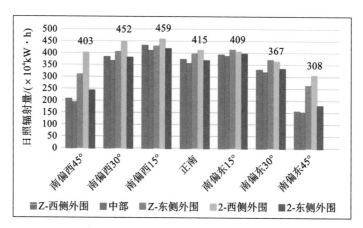

图4-63 横向错列式布局—不同位置立面全年具有集热利用潜力的日照辐射量

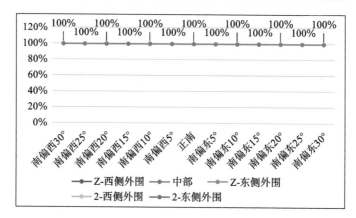

图4-64 横向错列式布局—不同位置立面全年具有集热利用潜力的面积百分比细分图

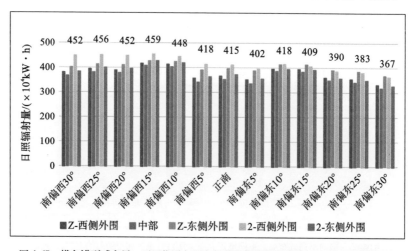

图4-65 横向错列式布局—不同位置立面全年具有集热利用潜力的日照辐射量细分图

3. 被动式热利用潜力

1）南偏西45°—南偏东45°范围

（1）全年情况。

对立面朝向在南偏西45°—南偏东45°范围（以15°为步长）变化的日照辐射获取情况进行模拟，结果如下（见图4-66～图4-71）。

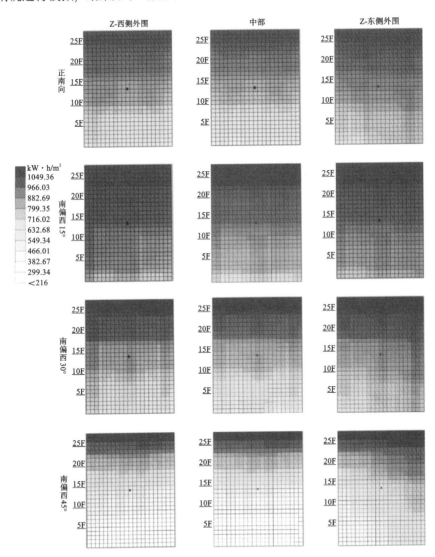

图4-66 横向错列式布局（Z行）—立面为正南向及朝西偏转时全年具有被动式热利用潜力的日照辐射分布示意图

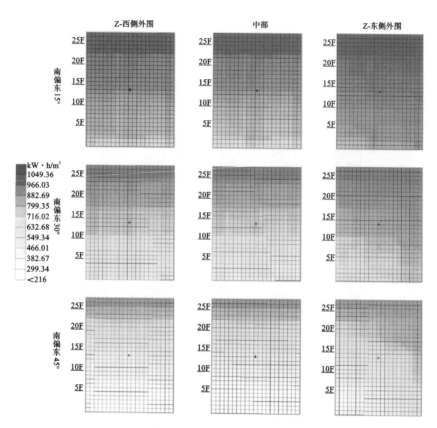

图 4-67 横向错列式布局（Z 行）—立面朝东偏转时全年具有被动式热利用潜力的日照辐射分布示意图

①全年中，南偏西 45°—南偏东 15°之间具有较大的被动式热利用潜力。 以 2-西侧外围为例，在此区间内，全年具有被动式热利用潜力的日照辐射量排序为：南偏西 15°＞南偏西 30°＞正南＞南偏东 15°＞南偏西 45°。

②全年中，立面分别朝东和朝西偏转相同角度时，朝西具有被动式热利用潜力的日照辐射量大于朝东。 在 2-西侧外围位置，具有被动式热利用潜力的日照辐射量随立面朝向变化的波动相对较小，最大值（459×10⁴ kW·h）约为最小值（314×10⁴ kW·h）的 1.5 倍。

③全年中，立面 4/5 的区域（第 6 层及 6 层以上）可获取具有被动式热利用潜力的日照辐射量。

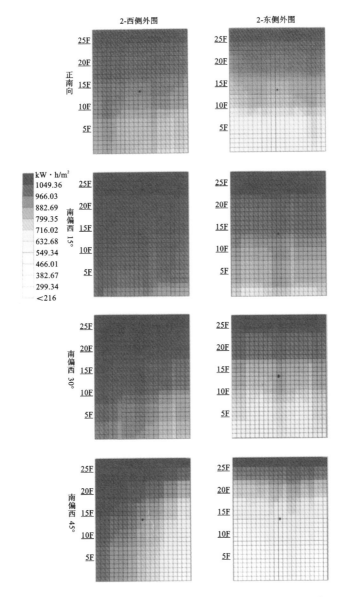

图 4-68 横向错列式布局（2 行）—立面为正南向及朝西偏转时全年具有被动式热利用潜力的日照辐射分布示意图

④被动式热利用潜力在不同位置有所差异，但波动较为平缓。 在研究的角度范围内，Z-东侧外围、2-西侧外围、2-东侧外围具有被动式热利用潜力的面积百分比均为 100%；在南偏西 30°—南偏东 30°范围内，Z-西侧外围和中部，为 100%；朝向偏

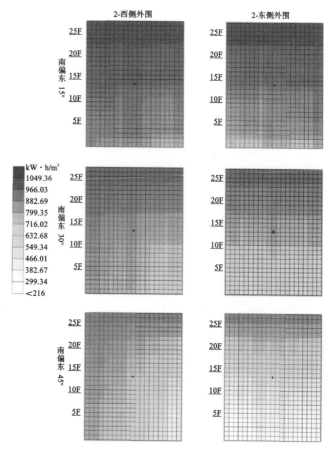

图 4-69　横向错列式布局（2 行）—立面朝东偏转时全年具有
被动式热利用潜力的日照辐射分布示意图

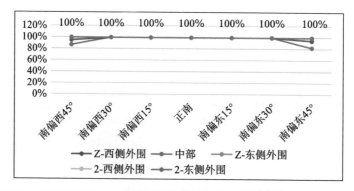

图 4-70　横向错列式布局—不同位置立面全年具有被动式热利用潜力的面积百分比

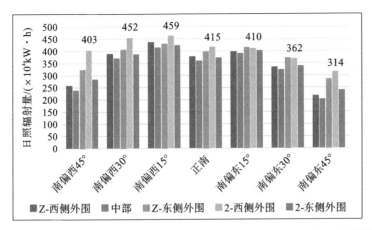

图4-71 横向错列式布局—不同位置立面全年具有被动式热利用潜力的日照辐射量

转超过30°时，Z-西侧外围和中部的获取潜力下降，最小值（82%）为最大值（100%）的82%。朝西偏转及正南向时：2-西侧外围具有被动式热利用潜力的日照辐射量始终最大，且随偏转角度的加大，优势更加明显。朝东偏转时：Z-东侧外围具有被动式热利用潜力的日照辐射量最大，但南偏东45°除外。无论朝向如何变化，中部位置具有被动式热利用潜力的日照辐射量始终最低。

（2）供暖季情况。

对立面朝向在南偏西45°—南偏东45°范围（以15°为步长）变化的日照辐射获取情况进行模拟，结果如下（见图4-72~图4-77）。

①供暖季中，南偏西30°—南偏东15°之间具有较大的被动式热利用潜力。以2-西侧外围为例，在研究范围内，具有被动式热利用潜力的日照辐射量排序为：南偏西15°>正南>南偏西30°>南偏东15°。

②供暖季中，立面分别朝东和朝西偏转相同角度时，朝西具有被动式热利用潜力的面积百分比与朝东基本呈对称分布，但具有被动式热利用潜力的日照辐射量朝西大于朝东。

③供暖季中，立面约2/5的区域（第16层及16层以上）可以得到具有被动式热利用潜力的日照辐射量。

④供暖季中，被动式热利用潜力在不同位置有所差异。前述五个位置在南偏西30°—南偏东30°范围内具有被动式热利用潜力的面积百分比均为100%，偏转超过

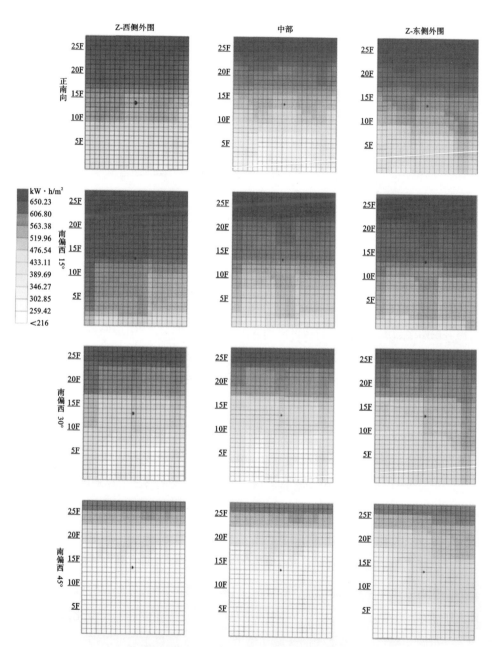

**图4-72　横向错列式布局（Z行）—立面为正南向及朝西偏转时供暖季
具有被动式热利用潜力的日照辐射分布示意图**

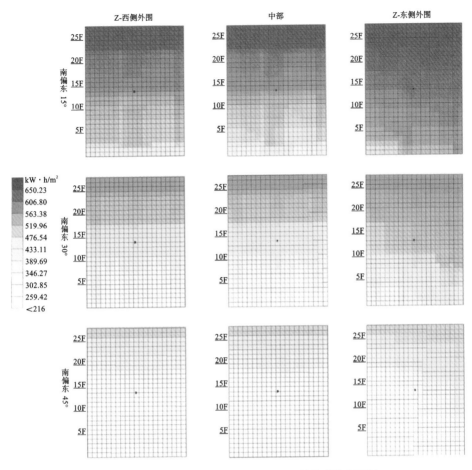

图4-73 横向错列式布局（Z行）—立面朝东偏转时供暖季具有
被动式热利用潜力的日照辐射分布示意图

30°时，具有被动式热利用潜力的面积百分比急剧下降，最小值（46%）为最大值（100%）的46%。朝西偏转、正南向及南偏东45°情况下，具有被动式热利用潜力的日照辐射量2-西侧外围始终最大。朝东偏转情况下，Z-东侧外围被动式热利用潜力的日照辐射量始终最大，但南偏东45°时除外。无论朝向如何变化，中部位置具有被动式热利用潜力的日照辐射量始终最低。

2）南偏西30°—南偏东30°范围（细分）

（1）全年情况细分。

对立面朝向在南偏西30°—南偏东30°范围（以5°为步长细分）变化的全年日

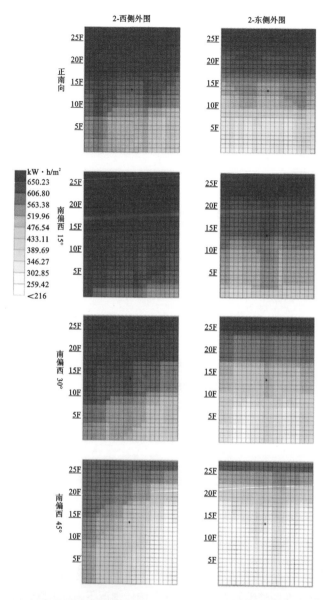

**图 4-74　横向错列式布局（2 行）—立面为正南向及朝西偏转时供暖季
具有被动式热利用潜力的日照辐射分布示意图**

照辐射获取情况进行模拟，结果显示，横向错列式布局下，不同位置立面具有全年被动式热利用潜力的日照辐射分布情况与具有集热利用潜力的情况相同。

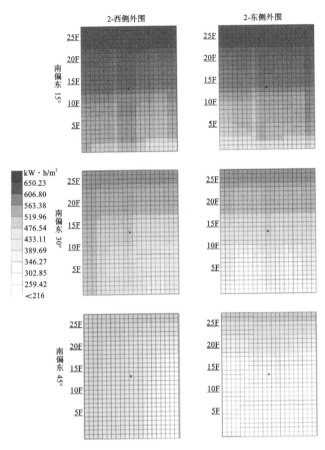

**图4-75 横向错列式布局（2行）—立面朝东偏转时供暖季具有
被动式热利用潜力的日照辐射分布示意图**

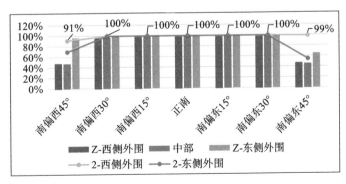

图4-76 横向错列式布局—不同位置立面供暖季具有被动式热利用潜力的面积百分比

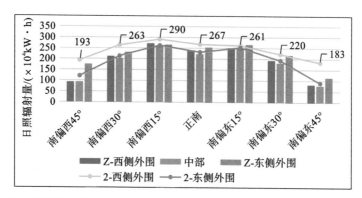

图 4-77 横向错列式布局—不同位置立面供暖季具有被动式热利用潜力的日照辐射量

（2）供暖季情况细分。

对立面朝向在南偏西 30°—南偏东 30° 范围（以 5° 为步长细分）变化的供暖季日照辐射获取情况进行模拟，结果如下（见图 4-78、图 4-79）。

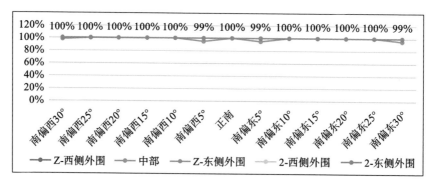

图 4-78 横向错列式布局—不同位置立面供暖季具有被动式热利用潜力的面积百分比细分图

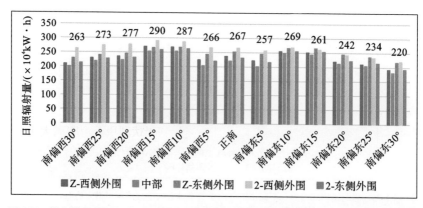

图 4-79 横向错列式布局—不同位置立面供暖季具有被动式热利用潜力的日照辐射量细分图

①供暖季中，南偏西15°方向仍为被动式热利用潜力最大朝向。

②供暖季中，在南偏西30°—南偏东30°之间，具有被动式热利用潜力的日照辐射最佳角度可分为两个档次。 A档：南偏西30°—南偏东15°。 B档：南偏东20°—南偏东30°。 在条件允许时，宜优先选择A档偏转角度。

③供暖季中，无论朝向如何变化，中部位置被动式热利用潜力依然最小。

4.4.4　山墙错列式布局下立面的日照利用潜力

山墙错列式布局下的模拟对象与平行行列式类似，设置在山墙错列式布局典型分析模型的三个代表性位置：西侧外围、中部、东侧外围（见图4-80）。

图4-80　山墙错列式布局——日照模拟分析位置示意图

1. 光伏利用潜力

1）南偏西45°—南偏东45°范围

对立面朝向在南偏西45°—南偏东45°范围（以15°为步长）变化的日照辐射获取情况进行模拟，结果如下（见图4-81～图4-84）。

①南偏西30°—南偏东15°之间均具有较高的光伏利用潜力。 在此区间内，具有光伏利用潜力的面积百分比与日照辐射量排序为：南偏西15°>正南向>南偏西30°>南偏东15°。

②立面分别朝东和朝西偏转相同角度时，朝西的光伏利用潜力明显大于朝东，且偏转角度越大，差异越明显。 以西侧外围为例，南偏西45°时，立面约1/4的区域（第22层及22层以上）具有光伏利用潜力，而南偏东45°时，仅有1/14的区域（第27层、28层）有光伏利用潜力，且前者可光伏利用的日照辐射量（170×10⁴ kW·h）约为后者（31×10⁴ kW·h）的5.5倍。

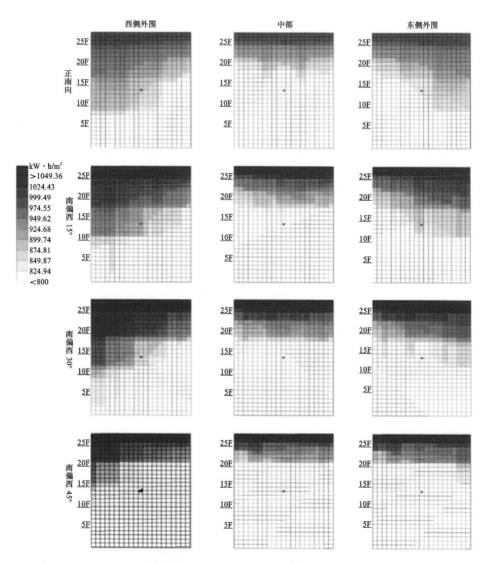

图 4-81　山墙错列式布局—立面为正南向及朝西偏转时全年具有
光伏利用潜力的日照辐射分布示意图

　　③在可光伏利用的日照辐射量方面，其数值随角度变化的波动幅度很大；与平行行列式的不同之处在于，其波动表现为平滑曲线，未在正南向出现转折点；另外，以西侧外围为例，南偏西 15°和正南向时，具有光伏利用潜力的面积百分比相同，但前者的日照辐射量大于后者。在具有光伏利用潜力的面积百分比方面，南偏西 15°和正南向时数值最大（64%），南偏东 45°时数值最小（8%），前者是后者的

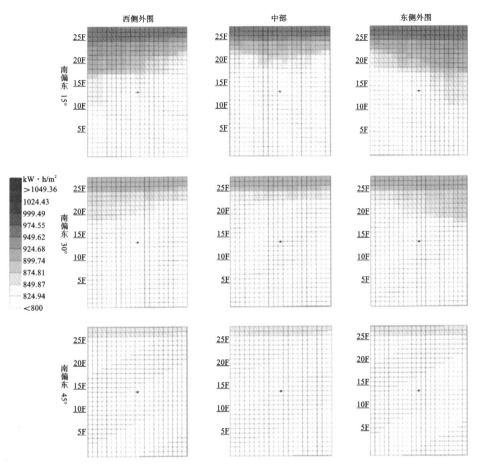

图4-82　山墙错列式布局—立面朝东偏转时全年具有光伏利用潜力的日照辐射分布示意图

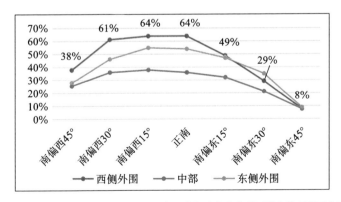

图4-83　山墙错列式布局—不同位置立面全年具有光伏利用潜力的面积百分比

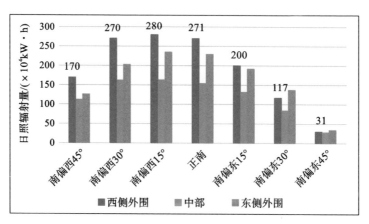

图 4-84　山墙错列式布局—不同位置立面全年具有光伏利用潜力的日照辐射量

8倍。 在具有光伏利用潜力的日照辐射量方面, 南偏西15°时达到280×10⁴ kW · h, 南偏东45°时仅有31×10⁴ kW · h, 前者约为后者的9倍。

④当立面朝西偏转时, 约1/4的区域 (第22层及22层以上) 始终具有较大的光伏利用潜力; 并且高度越高, 可光伏利用的日照辐射量越大。

⑤光伏利用潜力在不同位置差异明显。 在南偏西45°—南偏东15°范围内, 无论是朝东偏转还是朝西偏转, 可光伏利用的日照辐射量排序均为: 西侧外围>东侧外围>中部。 在南偏东30°—南偏东45°时出现: 东侧外围>西侧外围>中部。 在南偏西15°时, 以上三个位置的光伏利用潜力差异最大; 随着偏转角度加大, 其差异逐渐变小。

2) 南偏西30°—南偏东30°范围 (细分)

对立面朝向在南偏西30°—南偏东30°范围 (以5°为步长细分) 变化的全年日照辐射获取情况进行模拟, 结果如下 (见图4-85、图4-86)。

①南偏西5°为光伏利用潜力最大的朝向。

②南偏西30°—南偏东5°均具有较大的光伏利用潜力; 南偏东10°—南偏东30°光伏利用潜力相对较低。

③光伏利用潜力在不同位置差异较明显。 南偏东20°—南偏东30°时, 具有光伏利用潜力的日照辐射量排序为: 东侧外围>西侧外围>中部。 南偏西30°—南偏东15°时排序为: 西侧外围>东侧外围>中部。

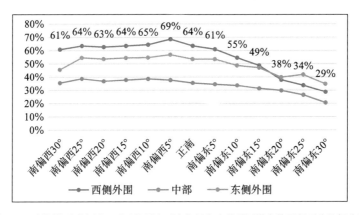

图 4-85　山墙错列式布局—不同位置立面全年具有光伏利用潜力的面积百分比细分图

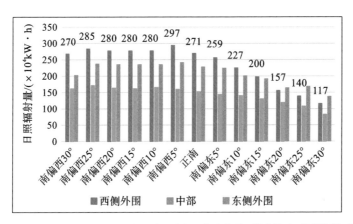

图 4-86　山墙错列式布局—不同位置立面全年具有光伏利用潜力的日照辐射量细分图

2. 集热利用潜力

1）南偏西 45°—南偏东 45°范围

对立面朝向在南偏西 45°—南偏东 45°范围（以 15°为步长）变化的日照辐射获取情况进行模拟，结果如下（见图 4-87～图 4-90）。

①南偏西 30°—南偏东 15°之间均具有较大的集热利用潜力。在此区间内，具有集热利用潜力的日照辐射量排序为：南偏西 15°>南偏西 30°>正南向>南偏东 15°。

②立面分别朝东和朝西偏转相同角度时，具有集热利用潜力的面积百分比差异不大，但是具有集热利用潜力的日照辐射量，朝西时的日照辐射量大于朝东，且偏

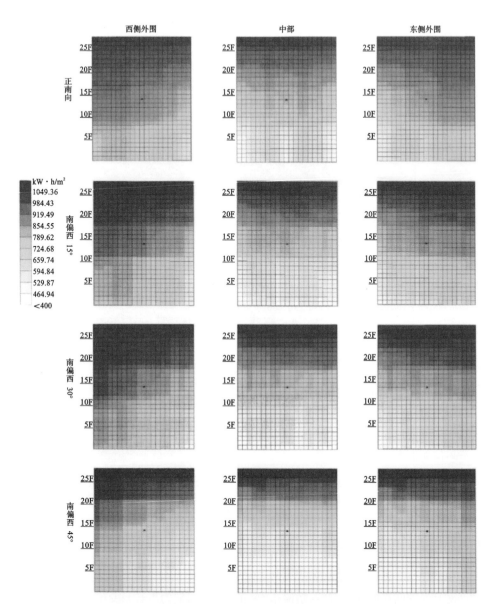

图 4-87　山墙错列式布局—立面为正南向及朝西偏转时全年具有
集热利用潜力的日照辐射分布示意图

转角度越大差异越明显。 以西侧外围为例，南偏西 15°时，具有集热利用潜力的日
照辐射量（400×10⁴ kW·h）约为南偏东 15°时（361×10⁴ kW·h）的 1.1 倍；南偏
西 45°时，具有集热利用潜力的日照辐射量（343×10⁴ kW·h）约为南偏东 45°时

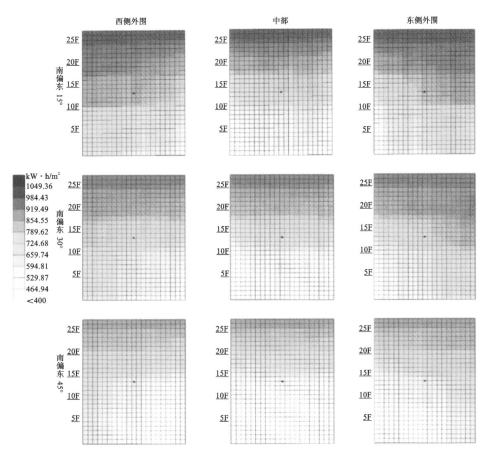

图 4-88　山墙错列式布局—立面朝东偏转时全年具有集热利用潜力的日照辐射分布示意图

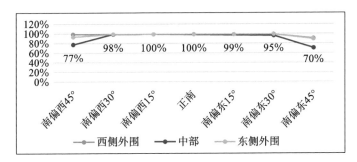

图 4-89　山墙错列式布局—不同位置立面全年具有集热利用潜力的面积百分比

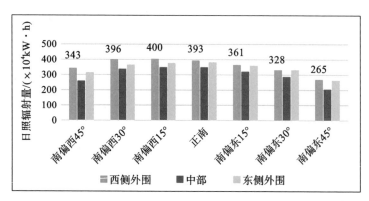

图 4-90　山墙错列式布局—不同位置立面全年具有集热利用潜力的日照辐射量

（265×10^4 kW·h）的 1.3 倍。

③在研究角度范围内，无论是朝东偏转还是朝西偏转，立面约 3/4 的区域（第 10 层及 10 层以上）始终具有集热利用潜力，且高度越高集热利用潜力越大。

④集热利用潜力在不同位置有所差异，且随着角度的变化，三个不同位置的集热利用潜力波动幅度较平缓。南偏西 30°—南偏东 30°之间，三个位置具有集热利用潜力的面积百分比为 100% 或接近 100%；超过 30°偏转时，具有集热利用潜力的面积百分比下降，最小值（70%）为最大值（100%）的 70%。无论是朝东偏转还是朝西偏转，具有集热利用潜力的日照辐射量排序均为：西侧外围>东侧外围>中部。仅在南偏东 30°时排序为：东侧外围>西侧外围>中部。

2）南偏西 30°—南偏东 30°范围（细分）

对立面朝向在南偏西 30°—南偏东 30°范围（以 5°为步长细分）变化的全年日照辐射获取情况进行模拟，结果如下（见图 4-91、图 4-92）。

①南偏西 25°方向为集热利用潜力最大朝向。

②具有集热利用潜力的日照辐射量最佳角度范围可分为两个档次。A 档：南偏西 30°—南偏东 5°。B 档：南偏东 10°—南偏东 30°。在条件允许时，宜优先考虑 A 档角度区间。

③集热利用潜力在不同位置有所差异。在研究角度范围内，具有集热利用潜力的日照辐射量排序大致为：西侧外围>东侧外围>中部。仅在南偏东 30°时排序为：东侧外围>西侧外围>中部。

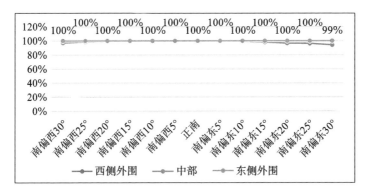

图 4-91　山墙错列式布局—不同位置立面全年具有集热利用潜力的面积百分比细分图

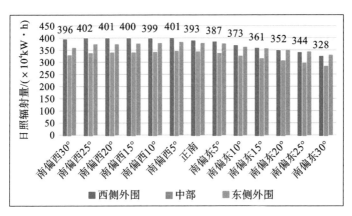

图 4-92　山墙错列式布局—不同位置立面全年具有集热利用潜力的日照辐射量细分图

3. 被动式热利用潜力

1）南偏西 45°—南偏东 45° 范围

（1）全年情况。

对立面朝向在南偏西 45°—南偏东 45° 范围（以 15° 为步长）变化的全年日照辐射获取情况进行模拟，结果如下（见图 4-93～图 4-96）。

①全年中，具有被动式热利用潜力的面积百分比均为 100%；在南偏西 45°—南偏东 30° 之间均具有较高的被动式热利用潜力；具有被动式热利用潜力的日照辐射量排序为：南偏西 15°>南偏西 30°>正南向>南偏东 15°>南偏西 45°>南偏东 30°>南偏东 45°。

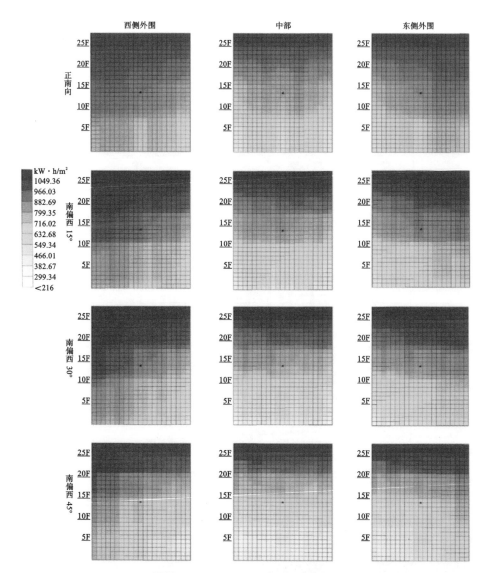

**图 4-93　山墙错列式布局—立面为正南向及朝西偏转时全年具有
被动式热利用潜力的日照辐射分布示意图**

②全年中，以西侧外围为例，立面分别朝东和朝西偏转相同角度时，具有被动式热利用潜力的日照辐射量，朝西略大于朝东；具有被动式热利用潜力的日照辐射量随角度变化的波动幅度较小，最大值（400×10⁴ kW·h）约为最小值（280×10⁴ kW·h）的1.4倍。

③全年中，所有位置南立面均能获取具有被动式热利用潜力的日照辐射量。

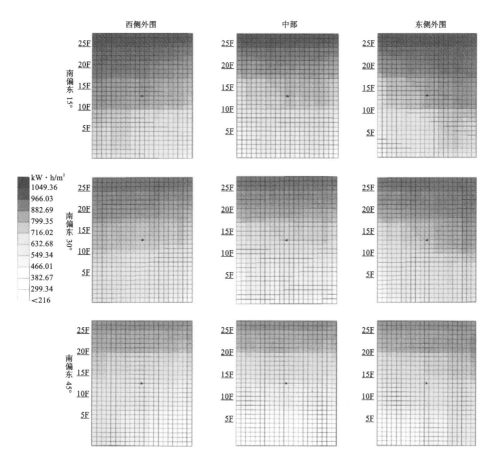

图 4-94 山墙错列式布局—立面朝东偏转时全年具有被动式热利用潜力的日照辐射分布示意图

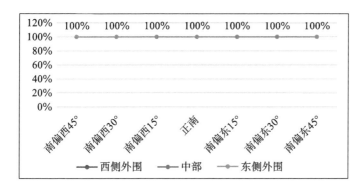

图 4-95 山墙错列式布局—不同位置立面全年具有被动式热利用潜力的面积百分比

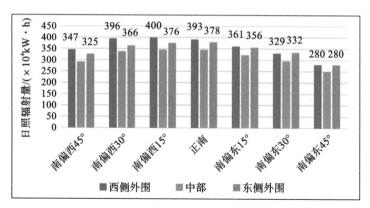

图 4-96　山墙错列式布局—不同位置立面全年具有被动式热利用潜力的日照辐射量

④全年中，不同位置立面具有被动式热利用潜力的面积百分比与角度变化无关，均为100%。 不同朝向下，具有被动式热利用潜力的日照辐射量排序多为西侧外围>东侧外围>中部；仅在南偏东30°时出现东侧外围>西侧外围>中部。

（2）供暖季情况。

对立面朝向在南偏西45°—南偏东45°范围（以15°为步长）变化的供暖季日照辐射获取情况进行模拟，结果如下（见图4-97～图4-100）。

①供暖季中，南偏西30°—南偏东15°之间均具有较高的被动式热利用潜力。 在此区间内，具有被动式热利用潜力的日照辐射量排序为：正南>南偏西15°>南偏东15°>南偏西30°。

②供暖季中，立面分别朝东和朝西偏转相同角度时，朝西时具有被动式热利用潜力的面积百分比与朝东时基本呈对称分布，但具有被动式热利用潜力的日照辐射量朝西大于朝东。 以西侧外围为例，具有被动式热利用潜力的日照辐射量随角度变化的波动幅度与全年情况差异较大，且偏转45°时差值最大。 以西侧外围为例，最大值（252×10^4 kW · h）约为最小值（141×10^4 kW · h）的1.8倍。

③供暖季中，立面约2/5的区域（第16层及16层以上）可以获得具有被动式热利用潜力的日照辐射量。

④供暖季中，被动式热利用潜力在不同位置有所差异。 研究的三处位置，在南偏西30°—南偏东30°范围时，具有被动式热利用潜力的面积百分比均为90%以上，偏转超过30°时，具有被动式热利用潜力的面积百分比急剧下降，最小值（57%）为最大值（100%）的57%。 无论朝向角度如何变化，不同位置具有被动式热利用潜

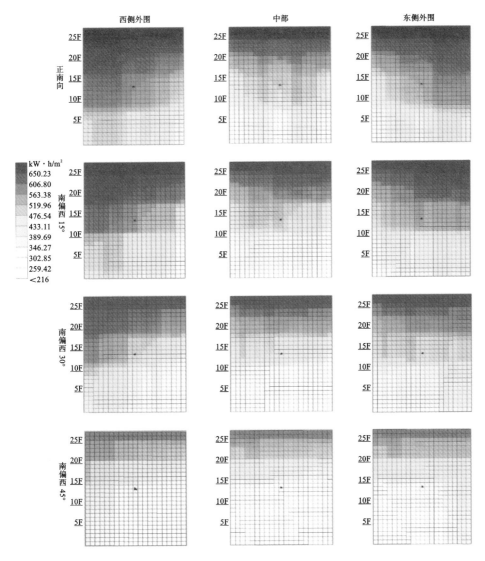

西侧外围   中部   东侧外围

正南向

南偏西 15°

南偏西 30°

南偏西 45°

kW·h/m²
650.23
606.80
563.38
519.96
476.54
433.11
389.69
346.27
302.85
259.42
<216

图 4-97 山墙错列式布局—立面为正南向及朝西偏转时供暖季具有被动式热利用潜力的日照辐射分布示意图

力的日照辐射量排序为西侧外围>东侧外围>中部；仅在南偏西 45°时出现东侧外围>西侧外围>中部。

2）南偏西 30°—南偏东 30°范围（细分）

（1）全年情况细分。

对立面朝向在南偏西 30°—南偏东 30°范围（以 5°为步长细分）变化的全年日照

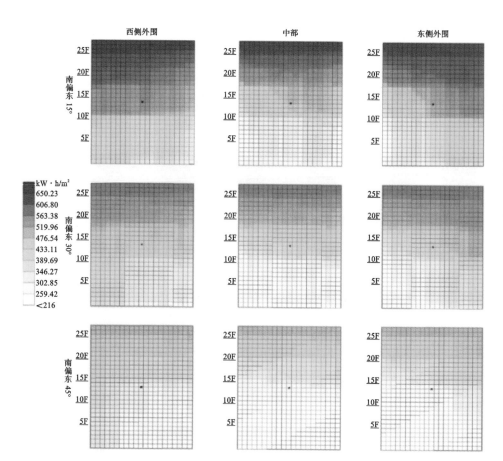

图 4-98 山墙错列式布局—立面朝东偏转时供暖季具有被动式热利用潜力的日照辐射分布示意图

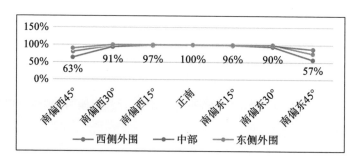

图 4-99 山墙错列式布局—不同位置立面供暖季具有被动式热利用潜力的面积百分比

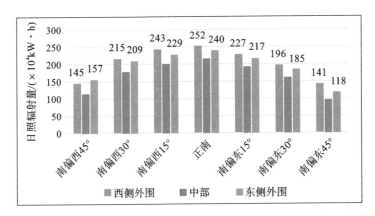

图 4-100　山墙错列式布局—不同位置立面供暖季具有被动式热利用潜力的日照辐射量

辐射获取情况进行模拟，结果显示山墙错列式布局下，全年被动式热利用潜力与集热利用潜力情况一致。

（2）供暖季情况细分。

对立面朝向在南偏西 30°—南偏东 30° 范围（以 5° 为步长细分）变化的供暖季日照辐射获取情况进行模拟，结果如下（见图 4-101、图 4-102）。

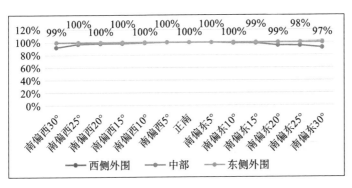

图 4-101　山墙错列式布局—不同位置立面供暖季具有被动式热利用潜力的面积百分比细分图

①供暖季中，南偏西 5° 为被动式热利用潜力最大朝向。

②供暖季中，具有被动式热利用潜力的日照辐射量最佳角度范围可分为两个档次。 A 档：南偏西 15°—南偏东 5°。 B 档：南偏西 30°—南偏西 20°、南偏东 10°—南偏东 30°。 在条件允许时，宜优先选择 A 档偏转角度。

③供暖季中，三个不同位置具有被动式热利用潜力的日照辐射量排序为：西侧外围>东侧外围>中部。

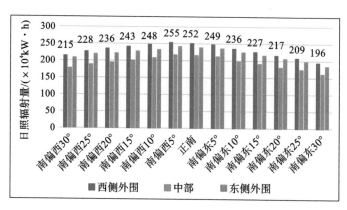

图 4-102 山墙错列式布局—不同位置立面供暖季具有被动式热利用潜力的日照辐射量细分图

4.5 住区绿地的日照获取潜力

4.5.1 绿地日照辐射模拟设置

1）植物分类

按照对日照辐射量的需求和适应程度，可以将植物分为三类：阳性植物（heliophyte）、阴性植物（sciophyte）和中性植物（neutral plant）。 其中，阳性植物指需光量为全日照辐射量的70%以上，在全日照或强光下生长发育很好的植物；阴性植物指需光量为全日照辐射量的2%～50%，在较弱日照下生长良好的植物；中性植物为日照需求介于阳性植物和阴性植物之间的植物，其需光量为全日照辐射量的50%～70%。 下文将以此为基础确定绿地植物在不同适生区的日照辐射临界值。

2）日照辐射量

西宁地区植物生长期（指植物有效生长时段）一般为4月1日—10月31日，共7个月。 根据当地日出和日落的大致时段，将模拟分析时段选在8：00—18：00，共10小时。 对典型平行行列式布局下、不同距地高度（0 m和4 m）的水平面日照辐射量进行初步模拟，采用蓝—黄—红三色渐变表达（颜色越红，代表日照辐射量越大），结果如下（见图4-103）。

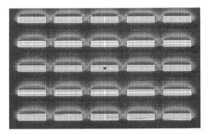

距地高度0 m　　　　　　　　　　距地高度4 m

图4-103　不同距地高度水平面日照辐射量模拟示意图

①距地高度较高时,日照辐射量较大。

②模拟范围内最大日照辐射量(993 kW · h/m²)出现在水平方向无任何遮挡的区域;最小日照辐射量(321 kW · h/m²)出现在紧邻建筑北部的区域。

3)植物适生区

对植物的需光量,通常采用光合有效辐射量(photosynthetically active radiation, PAR)进行分析,该指标涉及特定光谱波长,具体计算涉及的气象参数较多。 本研究仅从宏观层面分析住区绿地的日照辐射获取潜力,不涉及具体植物物种,因此采用适用面更广的日照辐射量(solar radiation, SR)指标进行相关分析。

如前所述,按照日照辐射量最大值的50% 、70% 作为划分不同植物适生区的临界值,得到西宁地区植物适生区日照辐射量(SR)(单位: kW · h/m²),划分区段大致如下。

①阴性适生区:全日照辐射量<50% ,SR<497。

②中性适生区:50% ≤全日照辐射量≤70% ,497≤SR≤695。

③阳性适生区:全日照辐射量>70% ,SR>695。

4)植物高度

根据青海大学生物科学系何桂芳等发表的《西宁园林植物应用现状及调查分析》可知,当地园林植物种类及高度大致如下。

①草坪高度: 0.4 m 以下。

②灌木高度:小于6 m,其中小灌木1~3 m。

③乔木高度:伟乔木31 m 以上、大乔木21~30 m、中乔木11~20 m、小乔木6~10 m。

5)模拟高度设定

根据当地植物高度,将模拟分析高度设为距地0.2 m(对应草坪)、2 m(对应小灌木)、20 m(对应中乔木),以分析三种典型布局模式下,在不同偏转角度时植物适生区的变化规律。 住宅层数设为28层,层高2.8 m,总高度为2.8 m×28=78.4 m。

4.5.2 平行行列式布局绿地日照辐射模拟

1)距地高度0.2 m

对距地高度0.2 m(对应草坪)水平面上的日照辐射进行模拟,结果如下(见图4-104、图4-105)。

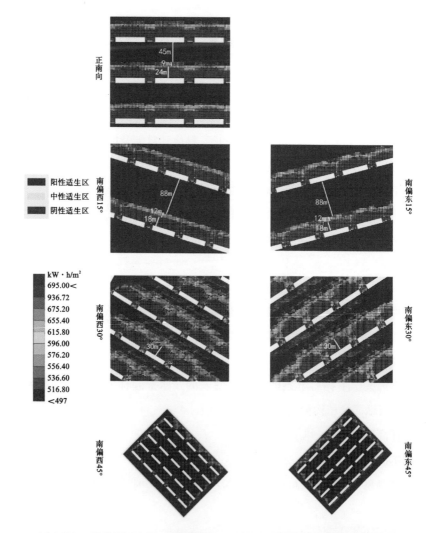

图4-104 平行行列式布局—距地高度0.2 m处日照辐射及各适生区分布示意图

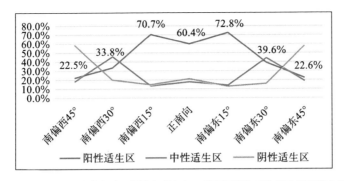

图 4-105 平行行列式布局—距地高度 0.2 m 处不同朝向下各适生区面积占比

①阳性适生区（红色区域）、阴性适生区（蓝色区域）和中性适生区（黄色区域）的面积波动幅度，随偏转角度的变化产生显著变化。 朝西和朝东偏转时的变化情况基本呈对称分布。

②当朝向在南偏西 15°—南偏东 15°范围时，阳性适生区呈现较高的面积占比。

③当朝向偏转达到 15°时，南偏东 15°阳性适生区面积占比最大（72.8%）；与正南向相比，阳性适生区明显增多，适生区进深从正南向的 45 m 增长为 88 m。

④当朝向偏转超过 15°时，阳性适生区面积急剧减少；当偏转角度为 45°时，住区内部已无明显的阳性适生区。

2）距地高度 2 m

对距地高度 2 m（对应小灌木）水平面上的日照辐射进行模拟，结果如下（见图 4-106、图 4-107）。

①阳性适生区（红色区域）、阴性适生区（蓝色区域）和中性适生区（黄色区域）的面积波动幅度，随偏转角度变化产生显著变化。 朝西和朝东偏转时变化情况基本呈对称分布。

②阳性适生区在南偏西 15°—南偏东 15°范围内呈现较高的面积占比。

③当朝向偏转达到 15°时，南偏东 15°阳性适生区面积占比最大（73.4%）；与正南向相比，阳性适生区明显增多，适生区进深从正南向的 36 m 增长为 82 m。

④当朝向偏转超过 15°时，无论朝东还是朝西，阳性适生区面积均急剧减少。

⑤中性适生区和阴性适生区与阳性适生区变化情况相反。 在南偏西 30°—南偏东 30°范围内，两者均呈现较低的面积占比；当朝向偏转超过 30°时，两者面积占比显著上升。

⑥当朝向偏转超过 45°时，住区内已无明显的阳性适生区。

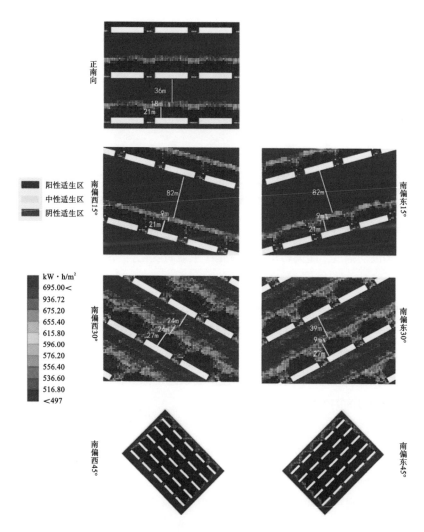

图 4-106 平行行列式布局—距地高度 2 m 处日照辐射及各适生区分布示意图

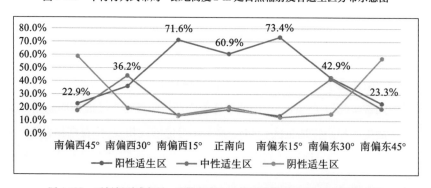

图 4-107 平行行列式布局—距地高度 2 m 处不同朝向下各适生区面积占比

3）距地高度20 m

对距地高度20 m（对应中乔木）水平面上的日照辐射进行模拟，结果如下（见图4-108、图4-109）。

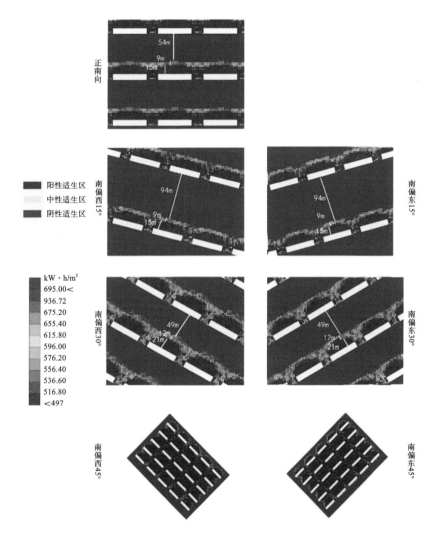

图4-108　平行行列式布局—距地高度20 m处日照辐射及各适生区分布示意图

①阳性适生区（红色区域）、阴性适生区（蓝色区域）和中性适生区（黄色区域）的面积波动幅度，与距地高度2 m时相比较小。 朝西和朝东偏转时的变化情况依然基本呈对称分布。

②阳性适生区在南偏西15°—南偏东15°范围内呈现较高的面积占比。

③当朝向偏转达到15°时，南偏东15°阳性适生区面积占比最大（79.6%）；与

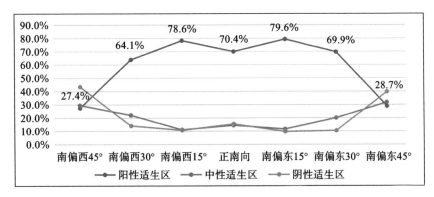

图 4-109　平行行列式布局—距地高度 **20 m** 处不同朝向下各适生区面积占比

正南向相比，阳性适生区明显增多，适生区进深从正南向的 54 m 增长为 94 m。

④当朝向偏转超过 30°时，无论朝东还是朝西，阳性适生区面积均急剧减少。

⑤中性适生区和阴性适生区与阳性适生区的变化情况相反。 在南偏西 30°—南偏东 30°范围内，两者均呈现较低的面积占比；当朝向偏转超过 30°时，两者面积占比显著上升。

⑥当朝向偏转超过 45°时，住区内已无明显的阳性适生区。

⑦与距地高度 2 m 时相比，阳性适生区面积占比明显升高，中性适生区和阴性适生区面积占比相对降低。

4.5.3　横向错列式布局绿地日照辐射模拟

1）距地高度 0.2 m

对距地高度 0.2 m（对应草坪）水平面上的日照辐射进行模拟，结果如下（见图 4-110、图 4-111）。

①阳性适生区（红色区域）、阴性适生区（蓝色区域）和中性适生区（黄色区域）的面积波动显著。 朝西和朝东偏转时的变化情况大致呈对称分布。

②阳性适生区在南偏西 15°—南偏东 15°范围内呈现较高的面积占比。

③当朝向偏转达到 15°时，南偏东 15°阳性适生区面积占比最大（74.3%）；与正南向相比，阳性适生区明显增多，适生区进深从正南向的 51 m 增长为 87 m。

④当朝向偏转超过 15°时，无论朝东还是朝西，阳性适生区面积均急剧减少。

⑤当朝向偏转超过 45°时，住区内已无明显的阳性适生区。

2）距地高度 2 m

对距地高度 2 m（对应小灌木）水平面上的日照辐射进行模拟，结果如下（见图 4-112、图 4-113）。

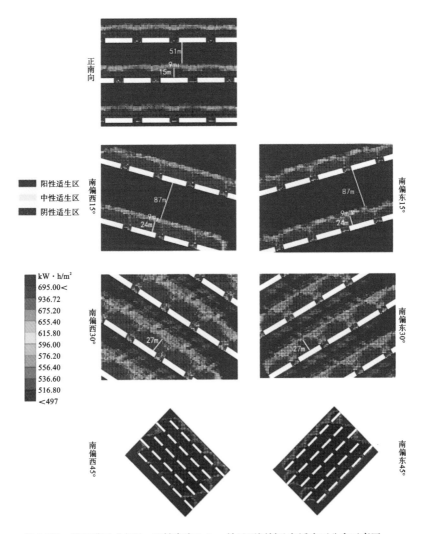

图 4-110　横向错列式布局—距地高度 0.2 m 处日照辐射及各适生区分布示意图

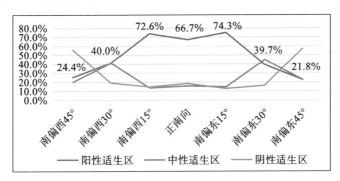

图 4-111　横向错列式布局—距地高度 0.2 m 处不同朝向下各适生区面积占比

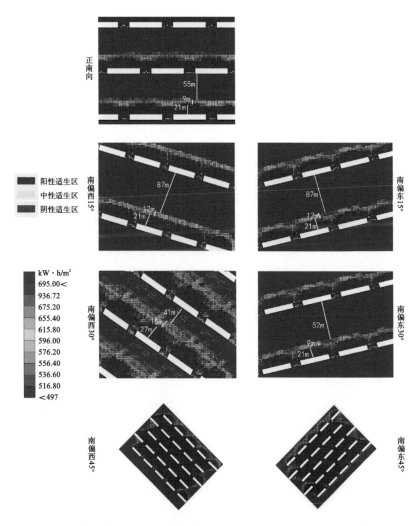

图4-112 横向错列式布局—距地高度2 m处日照辐射及各适生区分布示意图

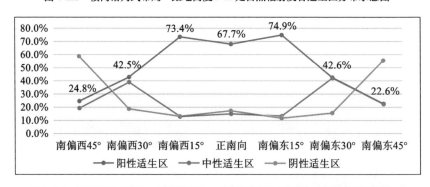

图4-113 横向错列式布局—距地高度2 m处日照辐射不同朝向下各适生区面积占比

①阳性适生区（红色区域）、阴性适生区（蓝色区域）和中性适生区（黄色区域）的面积波动显著。朝西和朝东偏转时的变化情况大致呈对称分布。

②阳性适生区在南偏西15°—南偏东15°范围内呈现较高的面积占比。

③当朝向偏转达到15°时，南偏东15°阳性适生区面积占比最大（74.9%）；与正南向相比，阳性适生区明显增多，适生区进深从正南向的55 m增长为87 m。

④当朝向偏转超过15°时，无论朝东还是朝西，阳性适生区面积均急剧减少。

⑤当朝向偏转超过45°时，住区内已无明显阳性适生区。

3）距地高度20 m

对距地高度20 m（对应中乔木）水平面上的日照辐射进行模拟，结果如下（见图4-114、图4-115）。

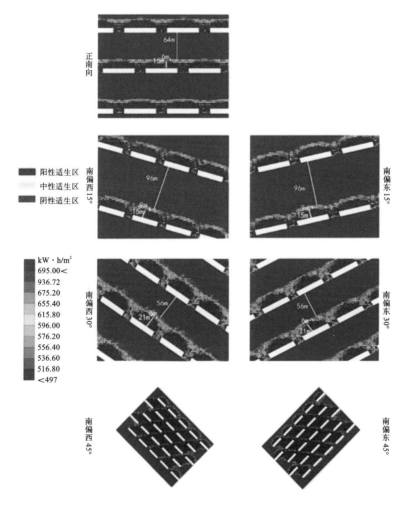

图4-114 横向错列式布局—距地高度20 m处日照辐射及各适生区分布示意图

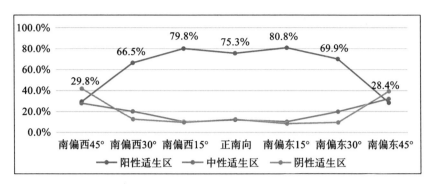

图 4-115　横向错列式布局—距地高度 20 m 处不同朝向下各适生区面积占比

①阳性适生区（红色区域）、阴性适生区（蓝色区域）和中性适生区（黄色区域）的面积波动显著。 朝西和朝东偏转时的变化情况大致呈对称分布。

②阳性适生区在南偏西 30°—南偏东 30°范围内呈现较高的面积占比。

③当朝向偏转达到 15°时，南偏东 15°阳性适生区面积占比最大（80.8%）；与正南向相比，阳性适生区明显增多，适生区进深从正南向的 64 m 增长为 96 m。

④当朝向偏转超过 30°时，无论朝东还是朝西，阳性适生区面积均急剧减少。

⑤当朝向偏转超过 45°时，住区内已无明显阳性适生区。

4.5.4　山墙错列式布局绿地日照辐射模拟

1）距地高度 0.2 m

对距地高度 0.2 m（对应草坪）水平面上的日照辐射进行模拟，结果如下（见图 4-116、图 4-117）。

①正南向阳性适生区面积占比最大，最大面积占比为 66.1% 。

②当朝向以正南向为基准方位发生偏转时，阳性适生区面积占比急剧下降。

③当朝向偏转超过 30°时，住区内几乎已无阳性适生区。

2）距地高度 2 m

对距地高度 2 m（对应小灌木）水平面上的日照辐射进行模拟，结果如下（见图 4-118、图 4-119）。

①正南向的阳性适生区面积占比最大。

②当朝向以正南向为基准方位发生偏转时，阳性适生区面积占比急剧下降。

③当朝向偏转超过 30°时，住区内几乎已无阳性适生区，中性适生区面积占比明

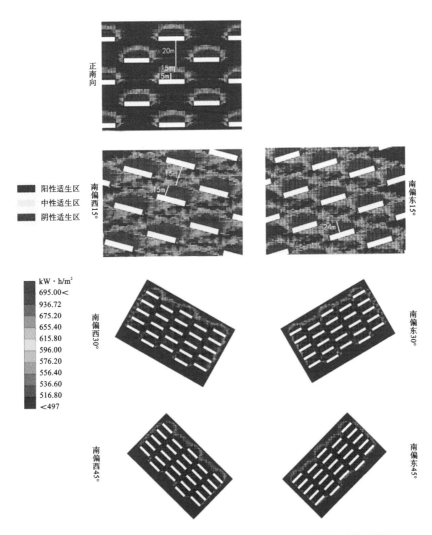

图 4-116　山墙错列式布局—距地高度 0.2 m 处日照辐射及各适生区分布示意图

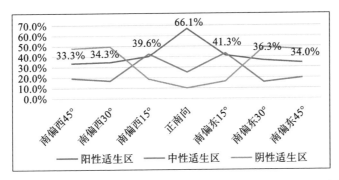

图 4-117　山墙错列式布局—距地高度 0.2 m 处不同朝向下各适生区面积占比

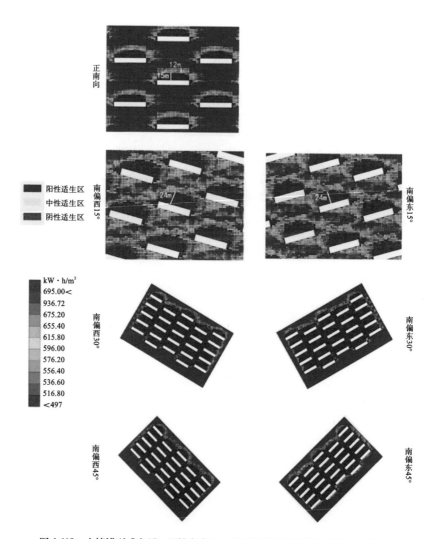

图 4-118　山墙错列式布局—距地高度 2 m 处日照辐射及各适生区分布示意图

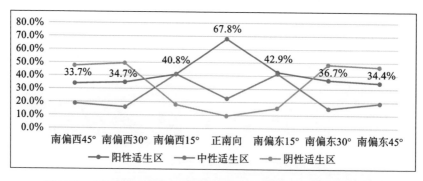

图 4-119　山墙错列式布局—距地高度 2 m 处不同朝向下各适生区面积占比

　城镇住区形态布局导控——西部高原地区太阳能利用研究

显减小，阴性适生区面积占比明显增加且在南偏西30°时出现最高值。

3）距地高度 20 m

对距地高度 20 m（对应中乔木）水平面上的日照辐射进行模拟，结果如下（见图 4-120、图 4-121）。

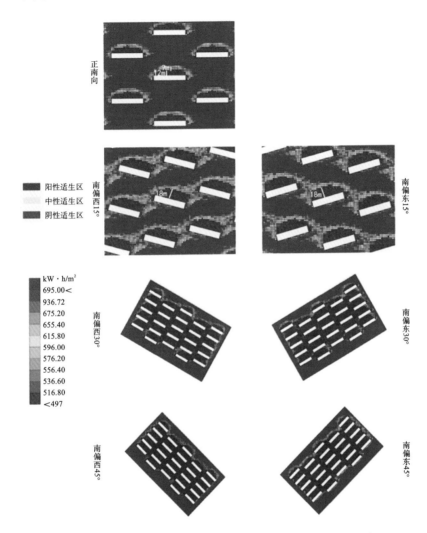

图 4-120 山墙错列式布局—距地高度 20 m 处日照辐射及各适生区分布示意图

①正南向阳性适生区面积占比最大。

②当朝向以正南向为基准方位发生偏转时，阳性适生区面积占比急剧下降。

③当偏转角度为南偏西 15°和南偏东 15°时，阳性适生区呈带状分布。

④当朝向偏转超过 30°时，住区内几乎已无阳性适生区，中性适生区面积占比明

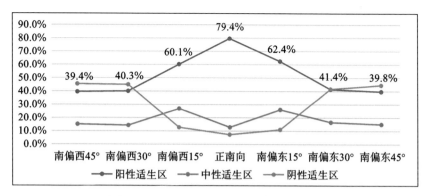

图 4-121　山墙错列式布局—距地高度 20 m 处不同朝向下各适生区面积占比

显减小, 阴性适生区占比明显增加且在南偏西 30°时出现最高值。

⑤中性适生区面积占比随偏转角度变化波动幅度较小。

⑥阴性适生区在南偏西 15°—南偏东 15°范围内面积占比较小; 当偏转超过 15°时, 面积占比急剧增大。

4.6　日照获取潜力调整优化的案例分析

前文分别对不同容积率下日照获取潜力、住区不同位置立面日照获取潜力, 以及住区绿地日照获取潜力进行了较为详细的模拟分析, 本节选取西宁市的两个实际案例, 对相同容积率、不同布局及朝向下的日照获取潜力进行调整优化和模拟分析。

4.6.1　布局对住宅日照获取潜力的影响

1) 案例选取

恒昌卢浮公馆位于西宁市城西区, 包含 18 栋住宅, 其中 16 栋为板式 (均为 19 层), 另有两栋为点式。 住宅朝向均为南偏西 15°, 住区容积率为 2.74 (见图 4-122)。

2) 布局调整优化

该案例中的 16 栋板式住宅采用典型平行行列式布局, 在保证基本日照间距要求的前提下, 将其分别调整为横向错列式和山墙错列式布局 (见图 4-123), 分析三种

图 4-122　恒昌卢浮公馆案例区位及布局示意图

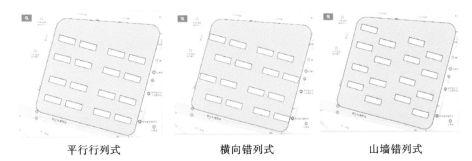

平行行列式　　　　　横向错列式　　　　　山墙错列式

图 4-123　恒昌卢浮公馆案例布局调整示意图

布局模式下的光伏利用、集热利用和被动式热利用潜力。

3）模拟结果

在保证容积率相同的情况下，对调整后的布局进行日照辐射模拟，结果显示如下（见图 4-124～图 4-126）。

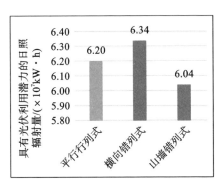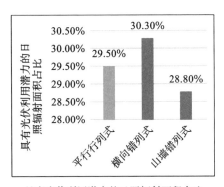

具有光伏利用潜力的日照辐射量　　　　　　　具有光伏利用潜力的日照辐射面积占比

图 4-124　布局调整前后的光伏利用潜力对比

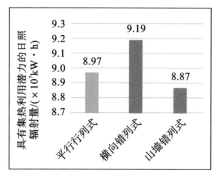
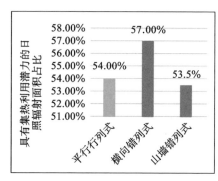

具有集热利用潜力的日照辐射量　　　　　具有集热利用其潜力的日照辐射面积占比

图 4-125　布局调整前后的集热利用潜力对比

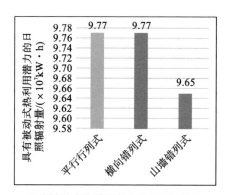
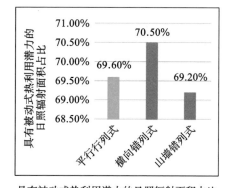

具有被动式热利用潜力的日照辐射量　　　具有被动式热利用潜力的日照辐射面积占比

图 4-126　布局调整前后的被动式热利用潜力对比

①横向错列式布局下，具有光伏利用潜力的日照辐射量，比平行行列式、山墙错列式分别高出 14×10^5 kW·h、30×10^5 kW·h；具有光伏利用潜力的日照辐射面积占比，比平行行列式、山墙错列式分别高出 0.8%、1.5%。

②横向错列式布局下，具有集热利用潜力的日照辐射量，比平行行列式、山墙错列式分别高出 22×10^5 kW·h、32×10^5 kW·h；具有光伏利用潜力的日照辐射面积占比，比平行行列式、山墙错列式分别高出 3%、3.5%。

③横向错列式布局下，具有被动式热利用潜力的日照辐射量，与平行行列式基本一致，比山墙错列式高出 12×10^5 kW·h；具有被动式热利用潜力的日照辐射面积占比，比平行行列式、山墙错列式分别高出 0.9%、1.3%。

综上，无论在光伏利用、集热利用还是被动式热利用方面，横向错列式布局均具有较大优势，其次是平行行列式布局。因此，如将该小区调整为横向错列式布局，则其日照获取及利用潜力可得到明显提升。

4.6.2 朝向对住宅日照获取潜力的影响

1）案例选取

港欧东方花园位于西宁市城东区，包含 12 栋板式 26 层住宅，采用平行行列式布局，容积率为 3.6（见图 4-127）。

图 4-127 港欧东方花园案例区位及朝向示意图

2）朝向调整优化

该案例中住宅朝向为南偏西 45°，根据前文对朝向的研究结果，结合此案例场地情况，在保证日照间距的前提下，将朝向调整优化为南偏西 30°（见图 4-128）。以南墙为例，分析西侧外围、中部、东侧外围三个不同位置立面的日照获取潜力。

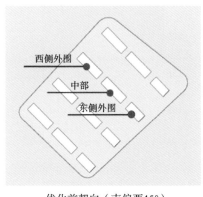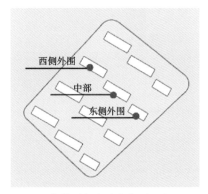

优化前朝向（南偏西45°）　　　　　优化后朝向（南偏西30°）

图 4-128 港欧东方花园案例朝向调整优化示意图

3）模拟结果

模拟结果显示，该案例朝向调整优化后日照获取潜力显著提升，具体如下。

①西侧外围住宅立面具有光伏利用潜力的日照辐射量增加了 24×10^4 kW · h，具有光伏利用潜力的日照辐射面积占比提升了 7.5%；具有集热利用潜力的日照辐射量增加了 31×10^4 kW · h，具有集热利用潜力的日照辐射面积占比提升了 10.4%；具有被动式热利用潜力的日照辐射量增加了 19×10^4 kW · h，具有被动式热利用潜力的日照辐射面积占比在优化前后均为 100%。西侧外围住宅立面具有光伏利用潜力的范围从原来的第 22 层及 22 层以上变为第 21 层及 21 层以上；具有集热利用潜力的范围亦有所增加。详见图 4-129～图 4-132。

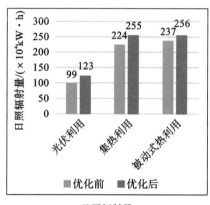

日照辐射量

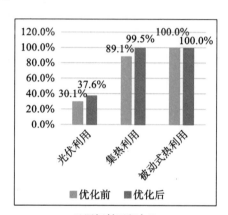

日照辐射面积占比

图 4-129　西侧外围朝向调整优化前后对比

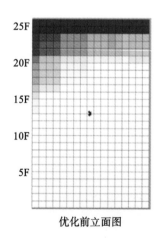

优化前立面图

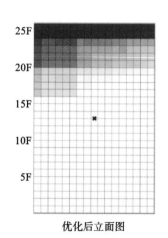

优化后立面图

图 4-130　朝向调整优化前后的光伏利用潜力

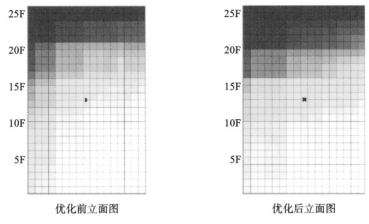

图 4-131　朝向调整优化前后的集热利用潜力

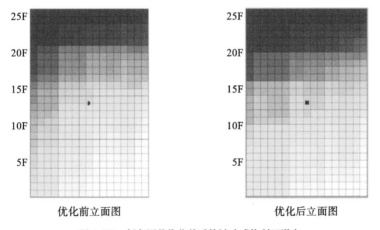

图 4-132　朝向调整优化前后的被动式热利用潜力

②中部位置具有光伏利用潜力的日照辐射量增加了 20×10^4 kW · h，具有光伏利用潜力的日照辐射面积占比提升了 6.4%；具有集热利用潜力的日照辐射量增加了 44×10^4 kW · h，具有集热利用潜力的日照辐射面积占比提升了 18.7%；具有被动式热利用潜力的日照辐射量增加了 26×10^4 kW · h，具有被动式热利用潜力的日照辐射面积占比提升了 0.5%。 中部位置立面具有光伏利用潜力的范围从原来的第 22 层及 22 层以上变为第 21 层及 21 层以上；具有集热利用潜力的范围亦有所增加。 详见图 4-133～图 4-136。

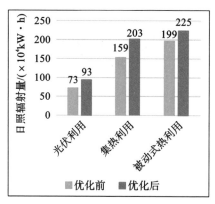
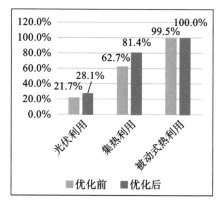

日照辐射量　　　　　　　　日照辐射面积占比

图 4-133　中部位置朝向调整优化前后对比

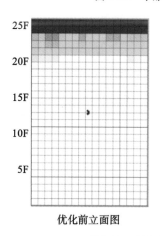
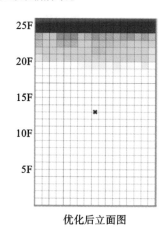

优化前立面图　　　　　　　　优化后立面图

图 4-134　朝向调整优化前后的光伏利用潜力

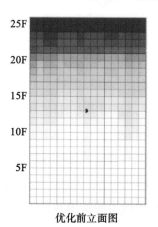
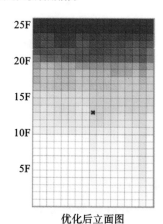

优化前立面图　　　　　　　　优化后立面图

图 4-135　朝向调整优化前后的集热利用潜力

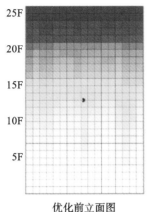
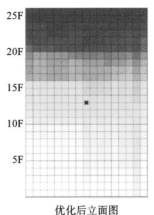

| 优化前立面图 | 优化后立面图 |

图 4-136　朝向调整优化前后的被动式热利用潜力

③东侧外围位置具有光伏利用潜力的日照辐射量增加了 26×10^4 kW · h，具有光伏利用潜力的日照辐射面积占比提升了 12.6%；具有集热利用潜力的日照辐射量增加了 25×10^4 kW · h，具有集热利用潜力的日照辐射面积占比提升了 8.4%；具有被动式热利用潜力的日照辐射量增加了 18×10^4 kW · h，具有被动式热利用潜力的日照辐射面积占比优化前后均为 100%。东侧外围立面具有光伏利用潜力的范围从原来的第 22 层及 22 层以上变为第 21 层及 21 层以上；具有集热利用潜力的范围亦有所增加。详见图 4-137～图 4-140。

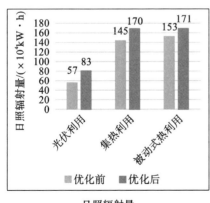
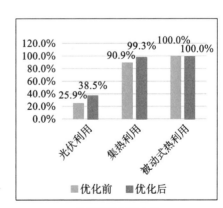

| 日照辐射量 | 日照辐射面积占比 |

图 4-137　东侧外围位置朝向调整优化前后对比

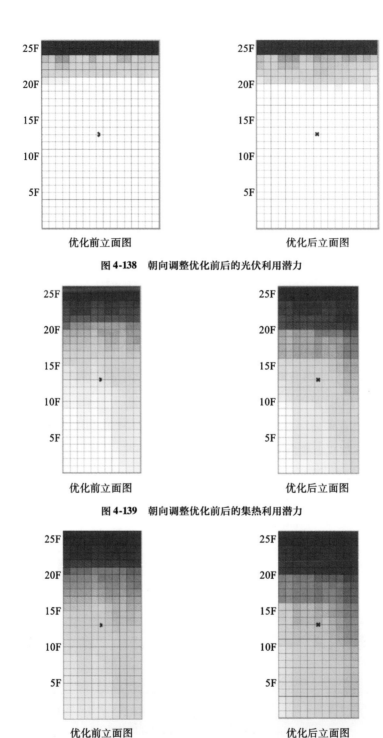

图 4-138　朝向调整优化前后的光伏利用潜力

图 4-139　朝向调整优化前后的集热利用潜力

图 4-140　朝向调整优化前后的被动式热利用潜力

4.7 西宁城镇住区设计导控要点

基于本章前述分析，从日照获取潜力视角，对西宁城镇住区提出设计导控要点及建议如下。

①关于住区布局。 在平行行列式、横向错列式、山墙错列式三种布局中，横向错列式在日照获取潜力方面具有较大相对优势（且建筑密度越高优势越明显），平行行列式次之。

②关于住区朝向。 从日照辐射量获取情况看，朝西偏转优于朝东。 平行行列式、横向错列式、山墙错列式布局模式下，南偏西15°均具有最优的光伏利用、集热利用和被动式热利用潜力；南偏西30°—南偏东15°范围具有较高的光伏利用潜力；南偏西30°—南偏东30°范围具有较高的集热利用和被动式热利用潜力；角度偏转超过30°时，日照获取潜力急剧下降。

③关于住宅高度。 住宅南立面位置越高，其日照辐射获取潜力越大。

④关于草坪（距地0.2 m）和灌木（距地2 m）。 平行行列式和横向错列式布局下，南偏西15°—南偏东15°范围具有较高的阳性适生区面积占比；当角度超过15°时，面积占比明显减小，且偏转角度越大，阳性适生区面积占比越小。 山墙错列式布局下，正南向具有较高的阳性适生区面积占比；朝东或者朝西偏转时，阳性适生区面积占比急剧下降。 朝西偏转与朝东偏转时，阳性适生区范围呈对称分布状态。

⑤关于乔木（距地20 m）。 平行行列式和横向错列式布局下，南偏西30°—南偏东30°范围内具有较高的阳性适生区面积占比；超过30°时，面积占比急剧下降。山墙错列式布局下，正南向阳性适生区面积占比最大；南偏西15°—南偏东15°范围亦具有较高的阳性适生区面积占比。 朝西偏转与朝东偏转时，阳性适生区范围呈对称分布状态。

第 5 章

拉萨城镇住宅多目标
优化设计导控

5.1 分析模型构建

1）典型户型

为提取拉萨城镇住宅的典型平面模型，将"户型"和"建筑面积"作为两个重要依据，对当地既有城镇住宅进行统计筛选。首先统计出现频次较多的两类户型，之后对该类户型的建筑面积进行统计分析，最后分析提取用于后续研究的典型户型。

网络和实地调研的统计数据显示，拉萨城镇住宅中，"三室两厅一厨两卫"（后文简称为"三室"）户型最多，约占样本总量的32%；"两室两厅一厨一卫"（后文简称为"两室"）户型次之，约占23%。其中，"两室"户型的建筑面积多在60～140 m² 之间，其中在80～100 m² 之间的约占68%。此类户型中，大部分客厅及主卧布置在南向，次卧、厨房、卫生间布置在北向，卫生间位于主卧与次卧之间。根据这些特征，选择其中一个"两室"户型作为典型户型，构建"典型户型一"（见图5-1）。

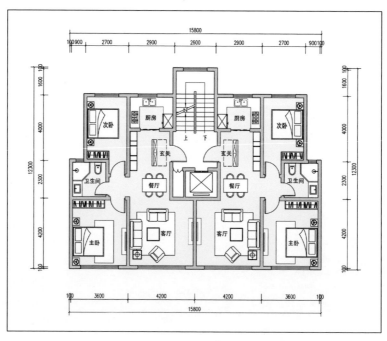

图 5-1 "典型户型一"平面图（单位：mm）

"三室"户型建筑面积多在 80～180 m² 之间，其中在 120～140 m² 之间的约占 58%。此类户型中，大部分客厅、主卧及次卧 1 布置在南向，次卧 2、厨房和两个卫生间布置在北向，且北向卧室（次卧 2）分别与主卧、卫生间相邻。根据这些特征，选择其中一个"三室"户型作为典型户型，构建"典型户型二"（见图 5-2）。

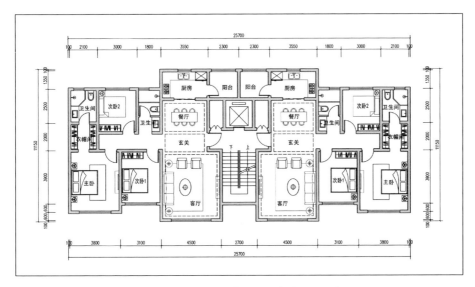

图 5-2   "典型户型二"平面图（单位：mm）

2）分析模型

基于以上典型户型，结合前期统计数据，构建出三个分析模型。其中，模型一为 18 m×10 m×3 m 的简单抽象几何单体，模型二在典型户型一基础上构建，模型三在典型户型二基础上构建。模型统一设置为 11 层，层高 3 m，总高 33 m。详见图 5-3。

(a) 模型一   (b) 模型二   (c) 模型三

图 5-3   分析模型

5.2 设计参数、优化目标及方法

1）设计参数

住宅的日照获取潜力主要涉及朝向、开窗、形态布局、围护结构构造等设计因素。为探讨住宅优化设计对其日照获取、能耗及热舒适的综合影响，基于以上因素提出7个设计参数：朝向、建筑形体、面宽进深比、房间开间进深比、窗墙比、窗传热系数、窗太阳得热系数。其中，朝向、建筑形体、面宽进深比为建筑外部设计参数，用于分析建筑外表面的日照获取潜力；房间开间进深比、窗墙比、窗传热系数、窗太阳得热系数为建筑内部设计参数，用于分析室内日照得热、能耗及热舒适的关系。

2）优化目标

日照辐射与能耗及热舒适度有直接关系。建筑外表面接受日照辐射后，通过围护结构将热量传递进室内；接收的日照辐射量越多、进入室内的热量就越多。一般而言，在供暖季，增加日照辐射获取量，有助于提高室内热舒适性，同时减少供暖能耗；在制冷季则正好相反，增加日照辐射获取量，会减小室内热舒适度，同时增加制冷能耗。因此权衡满足全年日照辐射获取与能耗、热舒适之间的关系十分重要。

拉萨冬季寒冷，需要供暖；夏季凉爽，无须采用空调制冷（可自然运行）。因此以供暖季室内太阳能得热多、全年能耗/供暖季耗热量少、夏季室内热舒适时间百分比高作为后续分析的三个优化目标。需要说明的是，针对拉萨气候条件，若冬季不供暖则完全达不到热舒适标准；若在模拟分析中设置冬季供暖，则冬季热舒适时间百分比将自动成为100%。因此，住宅热舒适时间分析集中在自然运行的夏季时段，并以夏季热舒适时间百分比作为优化目标，该值越大代表越舒适。

根据拉萨实际情况，后续软件模拟中，设置夏季模拟时段为6月1日至8月31日，冬季供暖时段为当年11月15日至次年3月15日。

3）热舒适性模拟计算方法

根据《民用建筑室内热湿环境评价标准》GB/T 50785—2012 条文 5.2.2 相关规定，拉萨城镇住宅在夏季无须采用空调制冷，住宅处于非人工冷热源热湿环境，应以"预计适应性平均热感觉指标"（APMV）作为评价依据，该指标按式（5-1）计算：

$$\text{APMV} = \text{PMV} / (1 + \lambda \cdot \text{PMV}) \tag{5-1}$$

式中：APMV——预计适应性平均热感觉指标；

λ ——自适应系数，按表5-1取值；

PMV ——预计平均热感觉指标，按《民用建筑室内热湿环境评价标准》GB/T 50785—2012 附录 E 计算。

表5-1　自适应系数（λ）

建筑气候区		居住建筑、商店建筑、旅馆建筑及办公室	教育建筑
严寒、寒冷地区	PMV≥0	0.24	0.21
	PMV<0	−0.50	−0.29
夏热冬冷、夏热冬暖、温和地区	PMV≥0	0.21	0.17
	PMV<0	−0.49	−0.28

（来源：《民用建筑室内热湿环境评价标准》GB/T 50785—2012，表5.2.2。）

依据《民用建筑室内热湿环境评价标准》GB/T 50785—2012（见表5-2），后续分析中，当−1<APMV<1 时，视为室内热环境舒适。

表5-2　非人工冷热源热湿环境评价等级

等级	APMV
Ⅰ级	−0.5≤APMV≤0.5
Ⅱ级	−1≤APMV<−0.5 或 0.5<APMV≤1
Ⅲ级	APMV<−1 或 APMV>1

（来源：《民用建筑室内热湿环境评价标准》GB/T 50785—2012，表5.2.3。）

5.3　单一设计参数与日照辐射量的关系

5.3.1　朝向与日照辐射量的关系

1）模拟内容

朝向对日照获取、利用潜力有很大影响，为寻求住宅在供暖季具有最大日照辐射获取潜力的朝向范围，对南偏西 90° 至南偏东 90° 范围内围护结构外表面接受的日照辐射量进行模拟。

2）软件设置

在 Ladybug 软件中建立模拟流程，设置如下：朝向以 5° 为步长旋转，旋转点设置在建筑平面的几何中心点，以保证建筑与太阳的相对位置不变，模拟中不考虑建筑的外部环境遮挡；以 1 m 作为计算网格大小，在兼顾准确度的同时，尽量提高计算效率；以南偏西方向为负值、南偏东方向为正值表达模拟结果。

3）模拟结果

模拟结果显示，朝向在南偏西 15° 至南偏东 5° 范围内变化时，三个模型均可在供暖季获得较多日照辐射量，同时在夏季获得较少日照辐射量。其中，模型一和模型三供暖季获得最多日照辐射量的朝向为南偏西 5°，模型二供暖季获得最多日照辐射量的朝向为南偏西 10°。详见图 5-4、图 5-5。

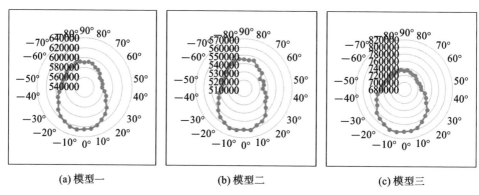

(a) 模型一　　　　　　　　(b) 模型二　　　　　　　　(c) 模型三

图 5-4　三个模型不同朝向供暖季获得日照辐射量分布图（单位：kW·h）

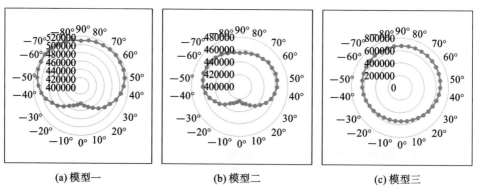

(a) 模型一　　　　　　　　(b) 模型二　　　　　　　　(c) 模型三

图 5-5　三个模型不同朝向夏季获得日照辐射量分布图（单位：kW·h）

5.3.2 面宽、进深与日照辐射量的关系

1）面宽、进深变化对日照辐射量的影响

将建筑面积统一设置为 240 m²，高度设为 33 m，改变模型面宽和进深，分析其外表面获得日照辐射量的变化规律。模拟中，保持每栋建筑中心位置不变，模拟时段分别为供暖季和夏季。

模拟结果显示，面宽与进深的差值越大，建筑围护结构外表面获得的日照辐射量越多。当面宽大于进深时，随着面宽增大，供暖季获得日照辐射量的增长速率加快，夏季增长速率相对较慢。因此，增加面宽有利于在增加供暖季日照辐射量的同时，不过多增加夏季日照辐射得热。详见图5-6、图5-7。

图5-6　面宽、进深变化示意图

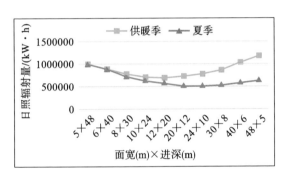

图5-7　面宽、进深与日照辐射量的对应关系

2）面宽进深比与日照辐射量的关系

控制建筑进深不变，面宽进深比以0.2为步长进行变化。模拟结果显示，随着面宽进深比增大，供暖季和夏季获得的日照辐射量均呈现增加趋势，供暖季的增长速率大于夏季。可见，增大建筑面宽进深比，对供暖季建筑日照辐射量获取的正向影响较大，有利于冬季节能和热舒适；但夏季日照辐射量也随之增加，存在不利于夏季室内热舒适的情况。因此，有必要根据冬、夏季的实际需要选择较适宜的面宽进深比。详见图5-8。

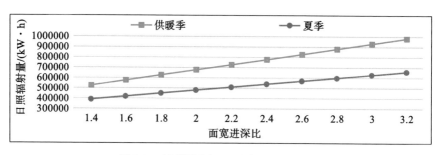

图 5-8 面宽进深比与日照辐射量的对应关系

5.3.3 建筑形体与日照辐射量的关系

通过改变建筑内部空间布局从而改变建筑外部形体，以分析不同建筑形体与日照辐射量的关系。 具体以典型户型为基准形，在保持建筑面积和建筑总高不变、使用功能良好的前提下，改变平面布局。 变化规则为不改变建筑交通空间，将南向房间或北向房间互相交换位置，或者多个房间整体进行南、北向移动至与原凸出外边界齐平。 为保持良好的建筑使用功能，不改变客厅、餐厅合一的大空间设计，且客厅、餐厅位置不发生改变。 最终形成基于典型户型一（见图 5-1）的 6 个形体模型和基于典型户型二（见图 5-2）的 12 个形体模型。 模拟不同形体下供暖季围护结构外表面可获得的日照辐射量，结果见表 5-3、表 5-4。

表 5-3 基于典型户型一的 6 个形体分析模型供暖季可获得的日照辐射量

模型编号	1	2	3
图示	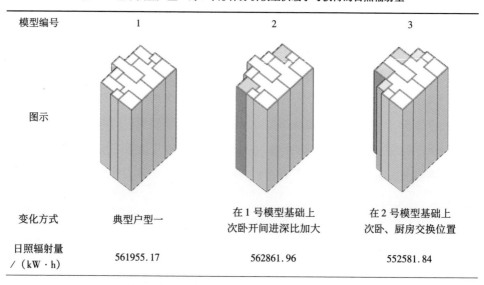		
变化方式	典型户型一	在 1 号模型基础上次卧开间进深比加大	在 2 号模型基础上次卧、厨房交换位置
日照辐射量 /（kW·h）	561955.17	562861.96	552581.84

模型编号	4	5	6
图示	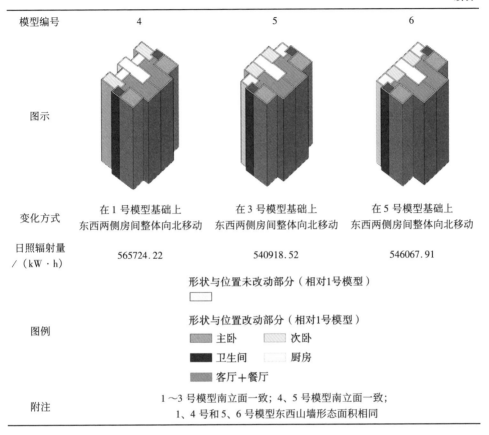		
变化方式	在 1 号模型基础上 东西两侧房间整体向北移动	在 3 号模型基础上 东西两侧房间整体向北移动	在 5 号模型基础上 东西两侧房间整体向北移动
日照辐射量 ／（kW·h）	565724.22	540918.52	546067.91
图例	形状与位置未改动部分（相对1号模型） ☐ 形状与位置改动部分（相对1号模型） ■ 主卧　▨ 次卧 ■ 卫生间　☐ 厨房 ■ 客厅＋餐厅		
附注	1～3 号模型南立面一致；4、5 号模型南立面一致； 1、4 和 5、6 号模型东西山墙形态面积相同		

对典型户型一变化形体的比较分析如下。

①比较 1～3 号模型得出，南立面形态及面积均相同时，东西山墙面较宽的形体（2 号模型），获得日照辐射量较多。

②比较 4、5 号模型得出，南立面形态及面积均相同时，东南、西南方向可接收太阳辐射的山墙面积较大的形体（4 号模型），获得日照辐射量较多。

③比较 1、4 和 5、6 号两组模型得出，东西山墙形态及面积均相同时，南立面有相对更多凸出的形体（4、6 号模型），获得日照辐射量相对更多，但差异不明显。

总体而言，在南立面形态及面积均相同或相近的情况下，东西方向可接收太阳辐射的山墙面积较大的形体（1、2、4 号模型），获得日照辐射量较多；反之则较少。

表 5-4 基于典型户型二的 12 个形体分析模型供暖季可获得的日照辐射量

编号	1	2	3
图示	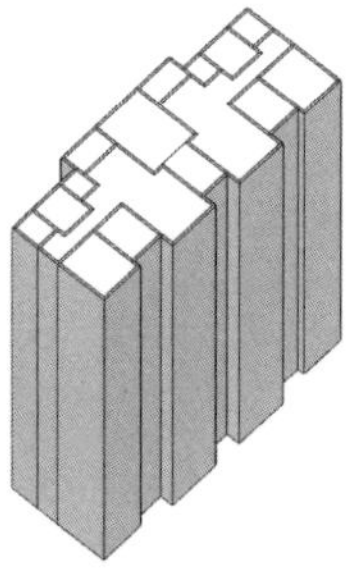	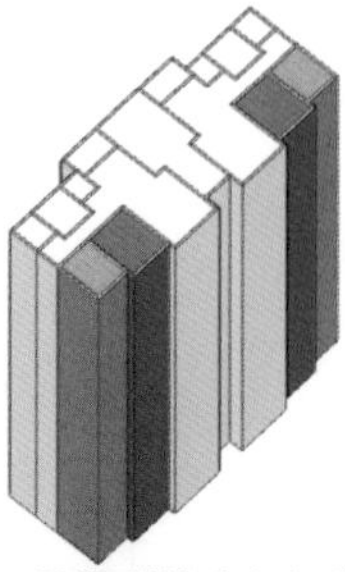	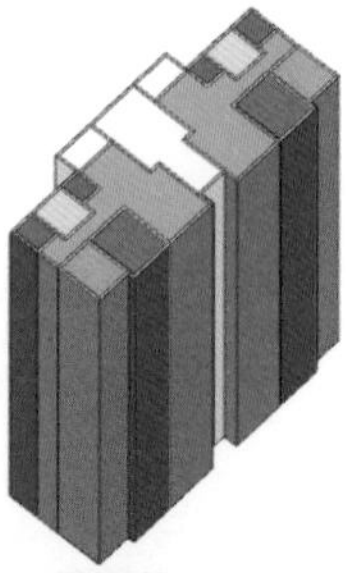
变化方式	典型户型二	在 1 号模型基础上主卧、南侧次卧交换位置	在 2 号模型基础上东西两侧房间整体向南移动
日照辐射量 / (kW·h)	798916.32	790553.84	788493.37
编号	4	5	6
图示	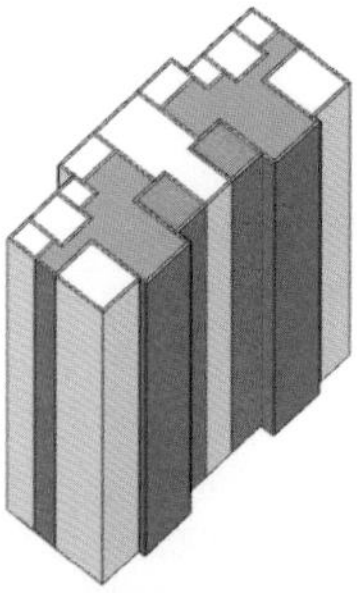	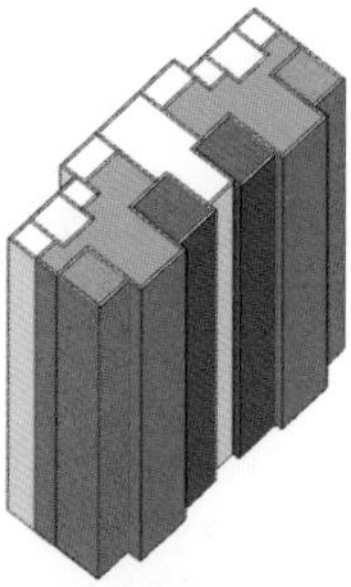	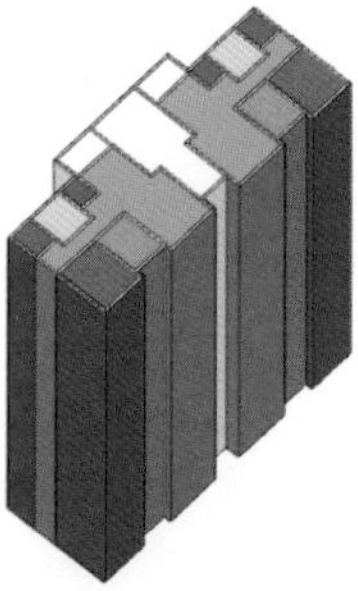
变化方式	在 1 号模型基础上客厅、南侧次卧交换位置	在 4 号模型基础上客厅、主卧、南侧次卧交换位置	在 3 号模型基础上主卧、南侧次卧交换位置
日照辐射量 / (kW·h)	800386.33	795843.06	799321.87
编号	7	8	9
图示			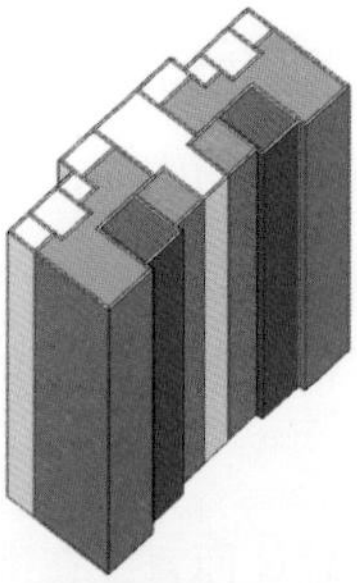
变化方式	在 1 号模型基础上两侧房间整体向北移动	在 7 号模型基础上主卧、南侧次卧交换位置	在 1 号模型基础上客厅、主卧、南侧次卧交换位置
日照辐射量 / (kW·h)	797887.36	789991.98	809761.24

编号	10	11	12
图示	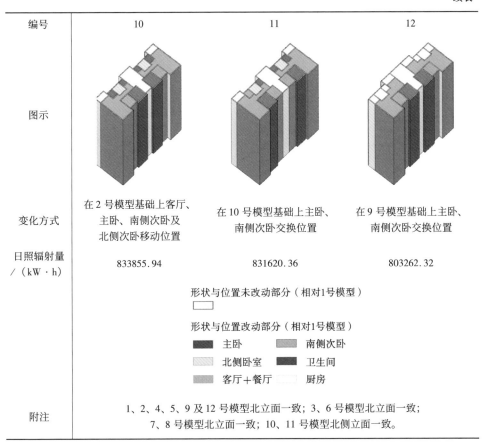		
变化方式	在2号模型基础上客厅、主卧、南侧次卧及北侧次卧移动位置	在10号模型基础上主卧、南侧次卧交换位置	在9号模型基础上主卧、南侧次卧交换位置
日照辐射量/（kW·h）	833855.94	831620.36	803262.32

形状与位置未改动部分（相对1号模型）
□

形状与位置改动部分（相对1号模型）
■ 主卧　　　■ 南侧次卧
▨ 北侧卧室　■ 卫生间
▨ 客厅＋餐厅　□ 厨房

附注	1、2、4、5、9及12号模型北立面一致；3、6号模型北立面一致；7、8号模型北立面一致；10、11号模型北侧立面一致。

对典型户型二变化形体的比较分析如下。

①比较1、2、4、5、9、12号模型得出，北立面形态相同时，东西山墙面较宽且南立面中部有较宽凹入的形体（9、12号模型），获得日照辐射量较多。

②分别比较3、6号和7、8号模型得出，北立面形态相同且南立面形态相近时，东西山墙面相对较宽的形体（6、7号模型），获得日照辐射量较多。

③比较10、11号模型得出，北立面及东西立面形态均相同时，南立面的少量变化对日照辐射量影响不大。

总体而言，东西山墙面相对最宽的形体（10、11号模型），获得日照辐射量最多；东西山墙面最窄且南立面有较窄凹入的形体（3、8号模型），获得日照辐射量最少；东西立面相同或相近的形体，获得日照辐射量相近；北立面形态变化对日照辐射量影响甚微。

5.4 单一设计参数与住宅性能的关系

以一个3层高，每层长×宽×高=8 m×8 m×3 m的抽象几何体作为模拟分析对象，其围护结构热工性能、建筑室内热扰参数及运行时间按照《建筑节能与可再生能源利用通用规范》GB 55015—2021、《严寒和寒冷地区居住建筑节能设计标准》JGJ 26—2018及《近零能耗建筑技术标准》GB/T 51350—2019相关限值设置，其中屋面传热系数为0.25 W/（m²·K），外墙传热系数为0.45 W/（m²·K）；其余参数按照Honeybee-Energy中"HBConstuctionSetbyClimate"的默认值进行设置。

5.4.1 窗墙比与住宅性能的关系

1）模型设置

《建筑节能与可再生能源利用通用规范》GB 55015—2021规定，寒冷A区居住建筑窗墙面积比：南向≤0.60，北向≤0.40，东西向≤0.45。本研究中，为探究更大数值范围相关变化规律，窗墙面积比（后文简称为"窗墙比"）变化范围设置为0.10~0.90，变化步长为0.1。

为控制变量，在模拟一个立面开窗对住宅性能的影响时，其他三个立面均按照不开窗设置，且开窗的立面仅开一个窗。设窗传热系数为2.00 W/（m²·K），窗太阳得热系数为0.35，透光率为0.90。

2）模拟结果

模拟窗墙比与住宅性能的关系，结果显示如下。

①各朝向窗墙比与室内太阳能得热量均呈正相关；窗墙比越大，室内太阳能得热量越多。其中，南向窗墙比增大时的室内太阳能得热量增速最快，其余依次为西向、东向和北向。具体而言，南向窗墙比每增大0.1，室内太阳能得热量增加约4.52 kW·h/m²；西向窗墙比每增大0.1，室内太阳能得热量增加约2.03 kW·h/m²；东向窗墙比每增大0.1，室内太阳能得热量增加约1.77 kW·h/m²；北向窗墙比每增大0.1，室内太阳能得热量增加约0.54 kW·h/m²。当各朝向窗墙比相同（即窗面积相等）时，室内太阳能得热量排序为：南向开窗>西向开窗>东向开窗>北向开窗。

总体而言，增加南向窗墙比，更有利于增加室内太阳能得热量。详见图5-9。

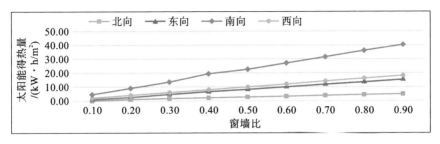

图5-9　模型各朝向窗墙比与室内太阳能得热量的关系

②各朝向窗墙比与建筑能耗的关系呈现不同走向。其中，北向窗墙比与耗热量呈正相关，南向窗墙比与耗热量呈负相关，东西向窗墙比变化对耗热量影响不明显。当各朝向窗墙比相同（即窗面积相等）时，耗热量排序为：北向开窗>东向开窗>西向开窗>南向开窗。其中，南向窗墙比每增大 0.1，耗热量减小约 2.14 kW·h/m²；北向窗墙比每增大 0.1，耗热量增加约 1.46 kW·h/m²；东向窗墙比每增大 0.1，耗热量增加约 0.10 kW·h/m²；西向窗墙比每增大 0.1，耗热量减小约 0.10 kW·h/m²。总体而言，减小北向窗墙比，增大南向窗墙比有利于节能降耗。详见图5-10。

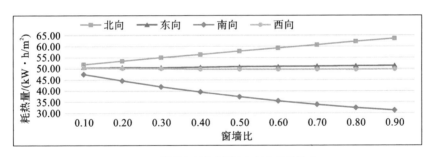

图5-10　模型各朝向窗墙比与耗热量的关系

③各朝向窗墙比与夏季室内热舒适时间百分比均呈正相关，但不同朝向变化趋势有所不同。其中，南北向窗墙比对夏季热舒适时间的影响趋近，均随窗墙比增加而逐渐增加，其夏季热舒适时间百分比总体在28%～52%之间。东西向窗墙比对夏季热舒适时间的影响亦趋近，均随窗墙比增加先快速增加之后增速逐渐趋缓，其夏季热舒适时间百分比在37%～83%之间。总体而言，在不考虑地域主导风向等其他外部影响因素的前提下，增加东西向窗墙比更有利于增加夏季热舒适时间百分比。详见图5-11。

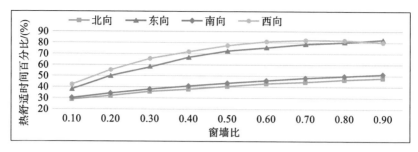

图 5-11 模型各朝向窗墙比与夏季室内热舒适时间百分比的关系

5.4.2 窗太阳得热系数与住宅性能的关系

1）模型设置

《建筑节能与可再生能源利用通用规范》GB 55015—2021 中，对寒冷地区居住建筑透光围护结构的太阳得热系数未做规定。本研究中，为探究相关变化规律，设窗太阳得热系数变化范围为 0.1~0.9，变化步长为 0.1；不同朝向立面窗墙比统一为 0.3，其他设置同 5.4.1 节。

2）模拟结果

模拟立面窗太阳得热系数对住宅性能的影响，结果如下。

①各朝向窗太阳得热系数与其太阳能得热量呈正相关；窗太阳得热系数越大，窗太阳能得热量越多。当窗太阳得热系数每增大 0.1，南向窗太阳能得热量增加 5.36 kW·h/m²、西向窗太阳能得热量增加 2.42 kW·h/m²、东向窗太阳能得热量增加 2.10 kW·h/m²、北向窗太阳能得热量增加 0.64 kW·h/m²。当窗墙比、窗太阳得热系数均相同时，各朝向窗太阳能得热量排序为南向>西向>东向>北向，其中，东、西向情况非常接近。详见图 5-12。

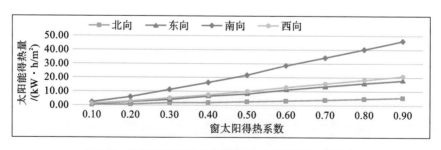

图 5-12 模型各朝向窗太阳得热系数与太阳能得热量的关系

②各朝向窗太阳得热系数与耗热量呈负相关；窗太阳得热系数越大，耗热量越少。其中，窗太阳得热系数每增加0.1，北向开窗耗热量减少0.54 kW·h/m²、东向开窗耗热量减少约1.75 kW·h/m²、西向开窗耗热量减少1.95 kW·h/m²、南向开窗耗热量减少3.80 kW·h/m²。当立面窗墙比、窗太阳得热系数均相同时，不同朝向开窗耗热量从高到低依次为北向>东向>西向>南向，其中东、西向情况非常接近。详见图5-13。

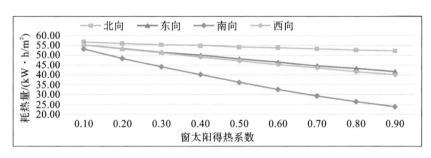

图5-13　模型各朝向窗太阳得热系数与耗热量的关系

③各朝向窗太阳得热系数与夏季热舒适时间百分比均呈正相关；窗太阳得热系数越大，夏季室内热舒适时间越长。其中，东西向窗太阳得热系数的影响大于南北向窗。当太阳得热系数大于0.8时，西向窗的影响开始下降，但总体热舒适时间仍大于南北向窗。总体而言，增大东西向窗太阳得热系数，更有利于提高夏季室内热舒适时间百分比。详见图5-14。

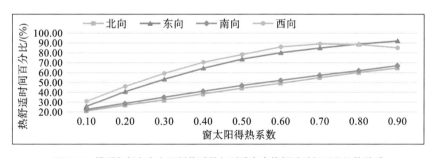

图5-14　模型各朝向窗太阳得热系数与夏季室内热舒适时间百分比的关系

5.4.3　窗传热系数与住宅性能的关系

1）模型设置

《建筑节能与可再生能源利用通用规范》GB 55015—2021 中，对寒冷地区居住建筑透光围护结构传热系数规定见表5-5。本研究中窗传热系数最小值取0.60 W/（m²·K）（《近零能耗建筑技术标准》GB/T 51350—2019附录D中最小值）；最大值取2.00 W/（m²·K）（《建筑节能与可再生能源利用通用规范》GB 55015—2021限值），变化步长为0.10 W/（m²·K），窗太阳得热系数为0.35，透光率为0.90，其他设置同5.4.1节。

表5-5　寒冷地区居住建筑透光围护结构热工性能参数限值

外窗	传热系数/［W/（m²·K）］	
	≤3层建筑	>3层建筑
窗墙比≤0.30	≤1.80	≤2.20
0.30<窗墙比≤0.50	≤1.50	≤2.00

（来源：节选自《建筑节能与可再生能源利用通用规范》GB 55015—2021，表3.1.9-2。）

2）模拟结果

①各朝向窗传热系数变化对室内太阳能得热量的影响均不明显。当窗传热系数在1.00～1.40 W/（m²·K）之间时，各朝向室内太阳能得热量的变化趋势基本持平，此时仅开南窗与仅开北窗的室内太阳能得热量差值为11.23 kW·h/m²。当窗传热系数在1.40～1.80 W/（m²·K）之间时，各朝向室内太阳能得热量平缓增加；当窗传热系数在1.80～2.00 W/（m²·K）之间时，室内太阳能得热量变化趋势再次持平，此时仅开南窗与仅开北窗的室内太阳能得热量差值为13.47 kW·h/m²。详见图5-15。

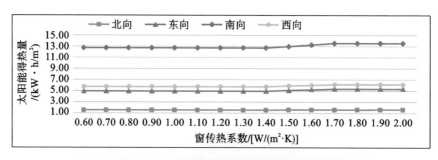

图5-15　模型各朝向不同窗传热系数与室内太阳能得热量的关系

②各朝向窗传热系数与耗热量呈正相关；窗传热系数越大，耗热量越多。相同传热系数下，耗热量水平排序为：北向开窗＞东向开窗＞西向开窗＞南向开窗。当

窗传热系数为 2.00 W/（m²·K）时，南向开窗耗热量为 41.82 kW·h/m²，北向开窗耗热量为 55.11 kW·h/m²，东向开窗耗热量为 50.78 kW·h/m²，西向开窗耗热量为 49.93 kW·h/m²；南向开窗与北向开窗的耗热量相差 13.29 kW·h/m²。 因此，减小各朝向窗（特别是北向窗）传热系数，有利于减少能耗。 详见图 5-16。

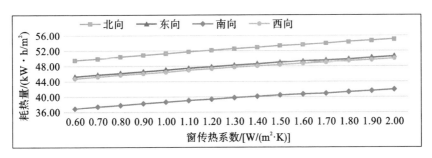

图 5-16　模型各朝向不同窗传热系数与耗热量的关系

③各朝向窗传热系数与夏季热舒适时间百分比呈负相关；窗传热系数越大，夏季热舒适时间越短。 相同窗传热系数下，东西向开窗的夏季热舒适时间百分比高于南北向开窗。 因此，从夏季热舒适时间百分比考虑，东西向开窗具有一定优势。 详见图 5-17。

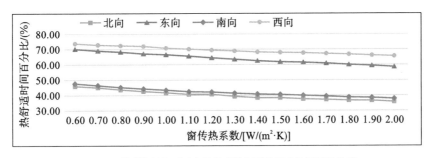

图 5-17　模型各朝向不同窗传热系数与夏季室内热舒适的关系

5.4.4　敏感性分析

1）分析设置

敏感性指某变量发生变化时对相关变量的影响趋势及程度。 本研究以无量纲的方式，分析设计参数影响建筑性能的敏感性。 以敏感性计算结果的绝对值大小，判断设计参数影响建筑性能的敏感度，绝对值越大则敏感度越高，正值表示两者之间呈正相关，负值则相反。

具体分析开间进深比、窗墙比、窗太阳得热系数、窗传热系数等设计参数影响供暖季太阳能得热量、供暖季耗热量、夏季室内热舒适时间百分比的敏感性。

　　2）模拟结果

　　①窗墙比、窗太阳得热系数与太阳能得热量呈正相关且敏感度较高（1.00～1.33），窗传热系数与太阳能得热量亦呈正相关但敏感度较低（0.07～0.08）。因此，增加窗太阳得热系数和窗墙比，有利于明显提高室内太阳能得热量。详见图5-18。

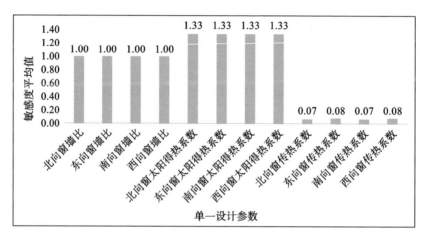

图5-18　单一设计参数影响太阳能得热量的敏感性分析

　　②北/东向窗墙比、各朝向窗传热系数与供暖季耗热量呈正相关，但敏感度不高（0.01～0.12）。其余参数与耗热量呈负相关或不相关，其中南向窗太阳得热系数的敏感度最高（-0.52），其次为南向窗墙比（-0.24）、西向窗太阳得热系数（-0.21）和东向窗太阳得热系数（-0.18）。因此，增加南向窗太阳得热系数和窗墙比，以及增加东、西向窗太阳得热系数，均有利于明显减少建筑供暖季耗热量。详见图5-19。

　　③各朝向窗墙传热系数与夏季室内热舒适时间百分比呈负相关且敏感度不高（-0.21～-0.11）。其余设计参数与夏季室内热舒适时间百分比呈正相关，其中窗太阳得热系数的敏感度最高（0.34～0.58），其次为各朝向窗墙比（0.20～0.31）。因此，增加各朝向窗太阳得热系数和窗墙比，有利于明显提高夏季室内热舒适性。详见图5-20。

　　需要注意的是，拉萨夏季气候凉爽且存在室外气温较低的时段，因此增加各朝向窗太阳得热系数和窗墙比，有利于提高夏季室内热舒适性；同时，夏季采用自然

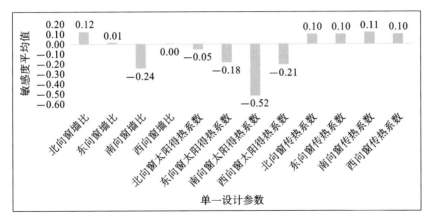

图 5-19 单一设计参数影响供暖季耗热量的敏感性分析

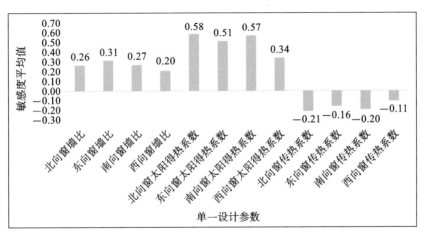

图 5-20 单一设计参数影响夏季室内热舒适时间百分比的敏感性分析

运行模式（模拟中设置室温达到 26 ℃ 以上时，窗自然开启），因此不会出现因太阳能得热过多造成室温过高的情况。 本条模拟结果仅适用于该工况。

5.5 多目标优化分析

5.5.1 多目标优化方法概述

多目标优化方法，指通过对相关参数的优化调整，使多个指标达到预设优化目标的方法。 优化的目标通常为一个特定的阈值范围，而多目标优化的结果通常是得到一个最优解集，其中各目标函数均已达到预设的阈值范围，且已无法在进一步优化任何一个目标函数的同时不劣化其他目标函数。 建筑设计是一个复杂的决策过程，有着多元复杂的约束条件和目标函数，需要在多个性能目标之间进行权衡，以求得综合性能相对较好的折中方案，即最优解集，因此非常适合采用多目标优化算法。

根据算法的不同，多目标优化方法可分为两大类：第一类为传统优化算法，该算法将多目标函数转化为单目标函数，通过采用单目标优化的方法达到对多目标函数的求解，具体包括加权法、约束法和线性规划法等；第二类属于智能优化算法，该算法借助相关智能算法软件进行操作，具体包括遗传算法、粒子群算法、蚁群优化算法等。

5.5.2 模拟分析流程及参数设置

1）模拟分析流程

本研究中用于模拟分析的典型模型为 1 个一梯两户居住单元的标准层，包括两户住宅及中间的楼电梯间。 模拟分析采用基于 Rhino 平台的 Grasshopper 软件及相关插件进行操作，操作流程主要如下：首先，基于 Rhino 平台的 Grasshopper 软件构建分析对象的三维数字模型；其次，采用 Ladybug 插件输入模拟分析所需气象参数等基本信息；再次，采用 Honeybee 插件进行日照、能耗及热舒适模拟；最后，采用 Octopus 插件进行多目标优化模拟。 详见图 5-21。

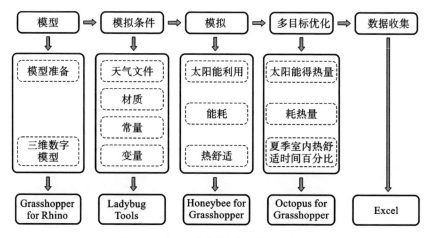

图 5-21　多目标优化模拟操作流程示意图

2）参数设置

①围护结构参数。

根据《建筑节能与可再生能源利用通用规范》GB 55015—2021 等，结合实地调研情况，设置围护结构传热系数，见表5-6。

表5-6　围护结构传热系数设置

围护结构	传热系数
外墙	0.45 W/（m² · K）
屋面	0.25 W/（m² · K）

②其他计算参数（常量）。

根据《建筑节能与可再生能源利用通用规范》GB 55015—2021、《严寒和寒冷地区居住建筑节能设计标准》JGJ 26—2018 等，结合实地调研和既有相关文献研究，设置其他主要计算参数，见表5-7。此外，人员逐时在室率、照明使用率、电器设备逐时使用率见表5-8～表5-10。

表5-7　其他计算参数设置

参数		值
人员设置	卧室/人	2
	起居室/人	3
	其他房间/人	1
电器设备功率密度/（W/m²）		3.8
照明功率密度/（W/m²）		5
换气次数/（次/h）		0.5
供暖温度/℃		18
代谢率/met		1
冬季服装热阻/clo		1.44
夏季服装热阻/clo		0.46
夏季风速/（m/s）		0.3
自然通风开启温度/℃		26

表 5-8　人员逐时在室率　　　　　　　　　（单位：%）

房间类型	时段											
	1：00	2：00	3：00	4：00	5：00	6：00	7：00	8：00	9：00	10：00	11：00	12：00
卧室	100	100	100	100	100	100	50	50	0	0	0	0
起居室	0	0	0	0	0	0	50	50	100	100	100	100
厨房	0	0	0	0	0	0	100	0	0	0	0	100
卫生间	0	0	0	0	0	50	50	10	10	10	10	10

房间类型	时段											
	13：00	14：00	15：00	16：00	17：00	18：00	19：00	20：00	21：00	22：00	23：00	24：00
卧室	0	0	0	0	0	0	0	0	50	100	100	100
起居室	100	100	100	100	100	100	100	100	50	0	0	0
厨房	0	0	0	0	0	100	0	0	0	0	0	0
卫生间	10	10	10	10	10	10	10	50	50	0	0	0

表 5-9　照明使用率　　　　　　　　　　（单位：%）

房间类型	时段											
	1：00	2：00	3：00	4：00	5：00	6：00	7：00	8：00	9：00	10：00	11：00	12：00
卧室	0	0	0	0	0	100	50	0	0	0	0	0
起居室	0	0	0	0	0	50	100	0	0	0	0	0
厨房	0	0	0	0	0	0	100	0	0	0	0	0
卫生间	0	0	0	0	0	50	50	10	10	10	10	10

房间类型	时段											
	13：00	14：00	15：00	16：00	17：00	18：00	19：00	20：00	21：00	22：00	23：00	24：00
卧室	0	0	0	0	0	0	0	0	100	100	0	0
起居室	0	0	0	0	0	0	100	100	50	0	0	0
厨房	0	0	0	0	0	100	0	0	0	0	0	0
卫生间	10	10	10	10	10	10	10	50	50	0	0	0

表 5-10　电器设备逐时使用率　　　　　　　　　　　　　　　　　（单位：%）

房间类型	时段											
	1：00	2：00	3：00	4：00	5：00	6：00	7：00	8：00	9：00	10：00	11：00	12：00
卧室	0	0	0	0	0	0	100	100	0	0	0	0
起居室	0	0	0	0	0	0	50	100	100	50	50	100
厨房	0	0	0	0	0	0	100	0	0	0	0	100
卫生间	0	0	0	0	0	0	0	0	0	0	0	0

房间类型	时段											
	13：00	14：00	15：00	16：00	17：00	18：00	19：00	20：00	21：00	22：00	23：00	24：00
卧室	0	0	0	0	0	0	0	0	100	100	0	0
起居室	100	50	50	50	50	100	100	100	50	0	0	0
厨房	0	0	0	0	0	100	0	0	0	0	0	0
卫生间	0	0	0	0	0	0	0	0	0	0	0	0

5.5.3　模拟优化结果

1. 抽象单一空间模拟优化

1）变量设置

首先建立抽象单一空间进行模拟分析。基于户型调研信息，确定面宽进深取值范围，层高设置为 3 m，其余变量参照《建筑节能与可再生能源利用通用规范》GB 55015—2021、《严寒和寒冷地区居住建筑节能设计标准》JGJ 26—2018 相关规定进行设置。详见表 5-11。

表 5-11　抽象单一空间变量设置

变量	范围	步长
面宽/m	15～35	1
进深/m	8～17	1
南向窗墙比	0.10～0.50	0.01

变量	范围	步长
北向窗墙比	0.10～0.30	0.01
东向窗墙比	0.00～0.35	0.01
西向窗墙比	0.00～0.35	0.01
窗传热系数/［W/（m²·K）］	0.60～2.00	0.01
窗太阳得热系数 SHGC	0.20～0.55	0.01

2）模拟结果

使用 Octopus 工具迭代计算数代后，得到一组帕累托（Pareto）最优解集（见图 5-22、表5-12）。 其中：供暖季耗热量最小值为4.13 kW·h/m²，供暖季太阳能得热量最大值为85.83 kW·h/m²，夏季室内热舒适时间百分比最大值为99.50%。 各设计参数中，面宽进深比均在1.1～3.2之间，南向窗墙比和窗太阳得热系数均为模拟区间的最大值（分别为0.50和0.55），窗传热系数均接近模拟区间的最小值（0.6），东、西向窗墙比均接近模拟区间的最大值（0.35），北向窗墙比数值波动范围较大（0.11～0.29）且几乎涉及整个模拟区间（0.10～0.30）。

为综合满足三个性能目标，在表 5-11 所示变量区间范围内，除北向外，各朝向窗墙比宜尽可能大；同时，各朝向窗太阳得热系数宜尽可能大、窗传热系数宜尽可能小；在该前提下，面宽进深比及北向窗墙比范围可适度灵活设置。

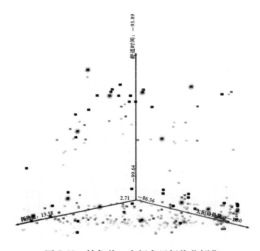

图 5-22　抽象单一空间多目标优化解集

表 5-12 抽象单一空间推荐设计参数

面宽 /m	进深 /m	面宽进深比	北向窗墙比	东向窗墙比	南向窗墙比	西向窗墙比	窗传热系数 / [W/ (m² · K)]	窗太阳得热系数	供暖季耗热量 / (kW · h /m²)	供暖季太阳能得热量 / (kW · h /m²)	夏季室内热舒适时间百分比 / (%)
15	8	1.9	0.12	0.31	0.50	0.33	0.63	0.55	13.14	85.83	99.41
17	8	2.1	0.12	0.34	0.50	0.34	0.61	0.55	11.04	76.65	98.78
16	10	1.6	0.11	0.32	0.50	0.34	0.61	0.55	9.51	64.66	99.05
23	9	2.6	0.12	0.33	0.50	0.30	0.61	0.55	7.52	49.54	99.50
16	15	1.1	0.12	0.35	0.50	0.35	0.62	0.55	6.25	43.70	98.37
29	9	3.2	0.14	0.30	0.50	0.34	0.61	0.55	5.88	39.61	98.96
23	16	1.4	0.11	0.31	0.50	0.34	0.61	0.55	4.13	28.11	99.05
16	9	1.8	0.27	0.31	0.50	0.34	0.61	0.55	10.43	73.61	96.20
16	15	1.1	0.27	0.31	0.50	0.34	0.62	0.55	6.34	44.17	96.42
20	8	2.5	0.29	0.34	0.50	0.33	0.62	0.55	9.40	66.82	94.84
19	9	2.1	0.29	0.34	0.50	0.33	0.60	0.55	8.54	62.52	94.61
24	8	3.0	0.29	0.34	0.50	0.34	0.62	0.55	7.87	55.55	95.06
23	9	2.6	0.29	0.34	0.50	0.33	0.55	0.55	7.06	51.65	94.61
19	16	1.2	0.28	0.34	0.50	0.34	0.61	0.55	4.84	35.22	94.47

2. 典型模型一模拟优化

1）变量设置

按照 5.1 节构建的典型模型一进行多目标优化计算，参数设置见表 5-13、表 5-14。

表 5-13 典型模型原始设计参数值

参数	值
朝向	南
层高/m	3.00
南向窗墙比	0.45
北向窗墙比	0.30

参数	值
窗太阳得热系数 SHGC	0.35
窗传热系数/［W/（m² · K）］	2.00
窗透光率	0.90
南向窗高度/m	1.80
南向窗台高度/m	0.60
北向窗高度/m	1.50
北向窗台高度/m	0.90

表 5-14　典型模型变量设置

变量	范围	步长
南向窗墙比	0.10～0.50	0.01
北向窗墙比	0.10～0.30	0.01
窗太阳得热系数 SHGC	0.20～0.55	0.01
窗传热系数/［W/（m² · K）］	0.60～2.00	0.01

2）模拟结果

针对典型模型一的原始模型（见图 5-23）进行模拟。结果显示，其整体年供暖耗热量为 51.88 kW · h/m²，中间层年供暖耗热量为 47.99 kW · h/m²。中间层供暖季耗热量为 34.77 kW · h/m²，供暖季太阳能得热量为 19.43 kW · h/m²，夏季室内热舒适时间百分比为 53.29%。总体而言，其全年供暖耗热量超出规范限值（82 MJ/m²，折算后为 22.78 kW · h/m²）；夏季室内热舒适时长一般，对太阳能利用存在不足。

随后，针对模型中间层进行多目标模拟优化，得到最优解集（见图 5-24、表 5-15）。与原始模型对比，优化后中间层供暖季耗热量最小值为 12.97 kW · h/m²，减少 21.8 kW · h/m²；供暖季太阳能得热量最大值为 40.23 kW · h/m²，增加 20.80 kW · h/m²；夏季室内热舒适时间百分比最大值为 96.05%，增加 42.76%。

各设计参数中，南向窗墙比等于或非常接近模拟区间的最大值（0.50），窗太阳得热系数等于或接近模拟区间的最大值（0.55），窗传热系数等于或接近模拟区间的最小值［0.60 W/（m² · K）］，北向窗墙比均为模拟区间的较大值（0.18～0.29）。

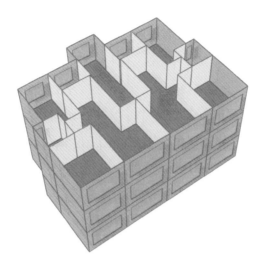

图 5-23　典型模型一的 Honeybee 模拟模型

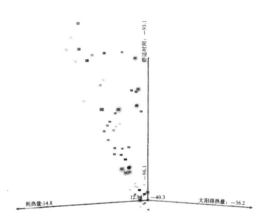

图 5-24　典型模型一多目标优化解集

　　为使三个性能目标均得到优化，建议在表 5-15 所示的变量区间范围内，使南向窗墙比及窗太阳得热系数尽可能大、窗传热系数尽可能小；在该前提下，北向窗墙比可适度灵活设置。例如，选取北向窗墙比为 0.27，南向窗墙比为 0.50，窗太阳得热系数为 0.60，窗传热系数为 0.55 W/（m² · K）。此时，建筑整体年供暖耗热量为 22.25 kW · h/m²，中间层年供暖耗热量为 16.17 kW · h/m²，满足规范限值要求；同时，其供暖季耗热量为 12.97 kW · h/m²，供暖季太阳能得热量为 40.23 kW · h/m²，夏季室内热舒适时间百分比达到 95.92%。

表5-15　典型模型一推荐设计参数及优化性能

北向窗墙比	南向窗墙比	窗传热系数/[W/(m²·K)]	窗太阳得热系数	供暖季耗热量/(kW·h/m²)	供暖季太阳能得热量/(kW·h/m²)	夏季室内热舒适时间百分比/(%)
0.27	0.50	0.60	0.55	12.97	40.23	95.92
0.29	0.49	0.61	0.55	13.33	39.59	96.05
0.27	0.49	0.63	0.55	13.56	39.46	95.43
0.27	0.48	0.62	0.55	13.82	38.70	95.32
0.29	0.48	0.62	0.54	14.13	37.95	95.42
0.29	0.45	0.60	0.55	14.67	36.52	95.32
0.25	0.45	0.60	0.55	14.80	36.26	94.35
0.21	0.49	0.61	0.55	13.58	39.08	94.06
0.21	0.49	0.60	0.54	13.86	38.20	93.80
0.18	0.49	0.61	0.55	13.67	38.88	93.10

3. 典型模型二模拟优化

针对典型模型二的原始模型（见图5-25）进行模拟，相关原始设计参数与典型模型一相同。 结果显示，其整体年供暖耗热量为49.61 kW·h/m²，中间层年供暖耗热量为45.98 kW·h/m²。 中间层供暖季耗热量为33.04 kW·h/m²，供暖季太阳能得热量为18.45 kW·h/m²，夏季室内热舒适时间百分比为49.78%。 总体而言，其年供暖耗热量超出规范限值，夏季室内热舒适时间不足，对太阳能利用存在不足。

随后，进行多目标模拟优化，得到最优解集（见图5-26、表5-16）。 与原始模型模拟结果对比，优化后中间层供暖季耗热量最小值为11.45 kW·h/m²，减少21.59 kW·h/m²；供暖季太阳能得热量最大值为38.11 kW·h/m²，增加19.66 kW·h/m²；夏季室内热舒适时间百分比最大值为95.70%，增加45.92%。

各设计参数中，南向窗墙比均等于或非常接近模拟区间的最大值（0.50），窗太阳得热系数均为模拟区间的最大值（0.55），窗传热系数均比较接近模拟区间的最小值[0.60 W/(m²·K)]，北向窗墙比均为模拟区间的较大值（0.26～0.29）。

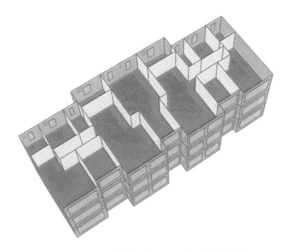

图 5-25 典型模型二的 Honeybee 模拟模型

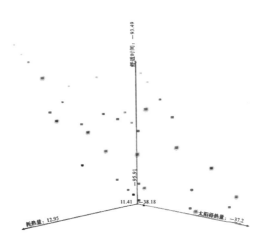

图 5-26 典型模型二多目标优化解集

　　为使三个性能目标均得到优化，建议在表 5-16 所示的变量区间范围内，使南向窗墙比及窗太阳得热系数尽可能大、窗传热系数尽可能小；在该前提下，北向窗墙比可适度灵活设置。 例如，选取北向窗墙比为 0.26，南向窗墙比为 0.49，窗太阳得热系数为 0.64，窗传热系数为 0.55 W/（$m^2 \cdot K$）。 此时，建筑整体年供暖耗热量为 20.42 kW·h/m^2，中间层年供暖耗热量为 14.46 kW·h/m^2，满足规范限值要求；同时，其供暖季耗热量为 11.45 kW·h/m^2，供暖季太阳能得热量为 37.20 kW·h/m^2，夏季室内热舒适时间百分比达到 95.45% 。

表 5-16　典型模型二推荐设计参数及优化性能

北向 窗墙比	南向 窗墙比	窗传热系数 /〔W/ （m²·K）〕	窗太阳 得热系数	供暖季 耗热量 /（kW·h /m²）	供暖季 太阳能得热量 /（kW·h /m²）	夏季室内 热舒适 时间百分比 /（%）
0.28	0.50	0.69	0.55	11.52	38.04	95.54
0.28	0.50	0.76	0.55	12.11	38.04	94.78
0.29	0.50	0.83	0.55	12.70	38.11	94.20
0.28	0.50	0.86	0.55	12.95	38.04	93.49
0.26	0.49	0.64	0.55	11.45	37.20	95.45
0.29	0.49	0.68	0.55	11.71	37.42	95.70
0.26	0.49	0.69	0.55	11.86	37.20	94.90
0.27	0.49	0.74	0.55	12.26	37.28	94.53
0.29	0.50	0.83	0.55	12.70	38.11	94.20
0.27	0.49	0.79	0.55	12.67	37.28	93.91

5.6　拉萨城镇住宅设计导控要点

基于本章前述分析，在夏季采用自然通风的条件下，从日照获取及利用潜力视角，对拉萨城镇住宅提出的设计导控要点、建议主要如下。

①朝向宜为南偏西15°至南偏东5°范围。

②面宽宜大于进深。

③南立面形态相近的情况下，东西向山墙面较大的形体，有利于获得更多日照辐射。

④与三个性能目标分别对应的设计参数建议取值趋向，见表5-17。

表 5-17　与三个性能目标分别对应的设计参数建议取值趋向

设计参数	性能目标		
	太阳能得热多	耗热量少	热舒适时间长
南向窗墙比	大	大	大
北向窗墙比	大	小	大
东向窗墙比	大	小	大
西向窗墙比	大	大	大
南向窗太阳得热系数	大	大	大
北向窗太阳得热系数	大	大	大
东向窗太阳得热系数	大	大	大
西向窗太阳得热系数	大	大	大
南向窗传热系数/ $[W/(m^2 \cdot K)]$	/	小	小
北向窗传热系数/ $[W/(m^2 \cdot K)]$	/	小	小
东向窗传热系数/ $[W/(m^2 \cdot K)]$	/	小	小
西向窗传热系数/ $[W/(m^2 \cdot K)]$	/	小	小

注：/代表相关影响不明显。

⑤与多个性能目标相关的设计参数中，在规范限值范围内，南向窗墙比及窗太阳得热系数宜尽可能大、窗传热系数宜尽可能小；在该前提下，北向窗墙比可适度灵活设置。

参 考 文 献

[1] BAKER N V, FANCHIOTTI A, STEEMERS K. Daylighting in architecture: a European reference book[M]. London: Routledge, 1993.

[2] 刘加平. 被动式太阳房评价指标[J]. 西安建筑科技大学学报（自然科学版），1993，(S1): 20-23.

[3] 刘艳峰，刘加平，杨柳，等. 拉萨地区被动太阳能传统民居测试研究[J]. 太阳能学报，2008，(4): 391-394.

[4] 冯雅，杨旭东，钟辉智. 拉萨被动式太阳能建筑供暖潜力分析[J]. 暖通空调，2013，43（06）: 31-34+85.

[5] 白洋. 基于太阳能利用潜力的严寒地区住区形态优化研究[D]. 哈尔滨: 哈尔滨工业大学，2017.

[6] CAPELUTO I G, YEZIORO A, SHAVIV E. Climatic aspects in urban design—a case study[J]. Building and Environment, 2003, 38 (6): 827-835.

[7] COMPAGNON R. Solar and daylight availability in the urban fabric[J]. Energy and Buildings, 2004, 36 (4): 321-328.

[8] VARTHOLOMAIOS A. The residential solar block envelope: a method for enabling the development of compact urban blocks with high passive solar potential[J]. Energy and Buildings, 2015, 99: 303-312.

[9] CHATZIPOULKA C, COMPAGNON R, NIKOLOPOULOU M. Urban geometry and solar availability on façades and ground of real urban forms: using London as a case study[J]. Solar Energy, 2016, 138: 53-66.

[10] MARTINS T A D L, ADOLPHE L, BASTOS L E, et al. Sensitivity analysis of urban morphology factors regarding solar energy potential of buildings in a Brazilian tropical context[J]. Solar Energy, 2016, 137: 11-24.

[11] MORGANTI M, SALVATI A, COCH H, et al. Urban morphology indicators for solar energy analysis[J]. Energy Procedia, 2017, 134: 807-814.

［12］ 廖维，徐燊，林冰杰.太阳能建筑规模化应用的原型研究——城市形态与太阳能可利用度的模拟研究［J］.华中建筑，2013，31（04）：64-66.

［13］ 刘思威，徐燊.城市环境中太阳能建筑规模化应用的案例研究［J］.华中建筑，2015，33（11）：36-39.

［14］ 徐燊.城市空间中太阳能利用潜力评价的探析［J］.动感（生态城市与绿色建筑），2016，（02）：20-23.

［15］ 史洁，周雨彤，马玉敏，等.住区太阳能潜力预测模型构建与运用研究［J］.住宅科技，2019，39（11）：53-58.

［16］ 许浩.建筑三维模型重建及其太阳能利用潜力研究［D］.南京：南京大学，2017.

［17］ TELLER J，AZAR S. Townscope II—a computer system to support solar access decision-making［J］.Solar Energy，2001，70（3）：187-200.

［18］ KANTERS J，HORVAT M，DUBOIS M.Tools and methods used by architects for solar design［J］.Energy & Buildings，2014，68：721-731.

［19］ JAKICA N. State-of-the-art review of solar design tools and methods for assessing daylighting and solar potential for building-integrated photovoltaics［J］.Renewable and Sustainable Energy Reviews，2018，81：1296-1328.

［20］ TOULOUPAKI E，THEODOSIOU T. Performance simulation integrated in parametric 3D modeling as a method for early stage design optimization-a review［J］.Energies，2017，10（5）：1-18.

［21］ BLASCHKE T，BIBERACHER M，GADOCHA S，et al.'Energy landscapes'：meeting energy demands and human aspirations［J］.Biomass and Bioenergy，2013，55：3-16.

［22］ PASQUALETTI M J.Reading the changing energy landscape［M］//STREMKE S，Dobbelsteen A. Sustainable energy landscapes：designing，planning，and development. Boca Raton：CRC Press，2012.

［23］ CALVERT K，PEARCE J M，MABEE W E. Toward renewable energy geo-information infrastructures：applications of GIScience and remote sensing that build institutional capacity［J］.Renewable and Sustainable Energy Reviews，2013，18（2）：416-429.

[24] SALA M, LÓPEZ C S P, FRONTINI F, et al. The energy performance evaluation of buildings in an evolving built environment: an operative methodology[J]. Energy Procedia, 2016, 91: 1005-1011.

[25] 陈铭, 杨卓琼. 日照分析优化住区外部活动场所设计研究——以鄂州市红莲湖某住宅规划设计为例[J]. 华中建筑, 2014, 32 (02): 40-44.

[26] 徐亚娟. 寒冷地区居住区外部空间设计研究[D]. 株洲: 湖南工业大学, 2016.

[27] 白洋, 马涛. 哈尔滨市建筑表面太阳能利用潜力实测研究[J]. 山西建筑, 2017, 43 (26): 177-179.

[28] 李灿. 哈尔滨高层住区光伏利用空间分析及其开发潜力研究[D]. 哈尔滨: 哈尔滨工业大学, 2018.

[29] 许亘昱. 夏热冬暖地区住区室外公共空间微气候营造策略研究[D]. 西安: 西安建筑科技大学, 2018.

[30] 张晓芳. 基于气候适应性的西安住区户外环境日照分析方法研究[D]. 西安: 西安建筑科技大学, 2018.

[31] 张先勇, 蒋哪, 李丽, 等. 基于 BIM 的太阳能建筑设计探讨[J]. 绿色建筑, 2016, 8 (06): 16-20.

[32] 刘凯, 林波荣. 容积率导向的板式住宅排布方案生成方法研究[J]. 动感: 生态城市与绿色建筑, 2013, (01): 22-25.

[33] 袁磊, 李冰瑶. 住区布局多目标自动寻优的模拟方法[J]. 深圳大学学报 (理工版), 2018, 35 (01): 78-84.

[34] 崔光勋, 范悦, 赵杰. 浅析日照规范演变与住区形态的关系——以中国、日本、韩国为例[J]. 新建筑, 2013, (02): 108-111.

[35] 石利军, 司鹏飞, 戎向阳, 等. 太阳能富集地区建筑的等效体形系数[J]. 暖通空调, 2019, 49 (07): 62-68.

[36] LIU Y, WANG J, ZHENG W X, et al. Calculation method of the shape coefficient of building for its solar potential in winter: AU2021102143 (A4) [P]. 2021-06-10.

[37] 陈昌毓, 刘德祥, 王安美. 甘肃省太阳能资源及其区划[J]. 甘肃气象, 1986, (03): 25.

[38] 徐渝江. 四川西部高原山地太阳能资源及其热水器的利用[J]. 资源开发与保

护, 1989, (01): 56-59+48.

[39] 王德芳, 喜文华, 于晓菲. 被动式太阳房热工计算设计软件发展[J]. 太阳能, 2000, (02): 31.

[40] 李恩. 太阳能富集地区居住建筑墙体节能分析与构造优化[D]. 西安: 西安建筑科技大学, 2008.

[41] 喜文华, 骆进. 我国西部沙区太阳能、风能利用模式的思考[J]. 甘肃科学学报, 2009, 21 (04): 143-145.

[42] 朱飙, 李春华, 方锋. 甘肃省太阳能资源评估[J]. 干旱气象, 2010, 28 (02): 217-221.

[43] 张宁. 北方地区集合住宅被动式太阳能采暖策略及应用分析报告[D]. 北京: 北京交通大学, 2011.

[44] 桑国臣, 刘加平. 太阳能富集地区采暖居住建筑节能构造研究[J]. 太阳能学报, 2011, 32 (03): 416-422.

[45] 徐平, 刘孝敏, 谢伟雪. 甘肃省被动式太阳能建筑设计气候分区探讨[J]. 建设科技, 2014, (11): 65-66.

[46] 齐锋, 何海, 幸运, 等. 青海省被动式太阳能建筑采暖气候区划[J]. 住宅科技, 2015, 35 (01): 20-22.

[47] 范蕊, 李玥, 董琇. 西部高海拔地区空气式蓄能型太阳能采暖系统特性分析[J]. 建筑科学, 2018, 34 (12): 121-129+164.

[48] 崔玉, 高理福. 太阳能热泵在西部高海拔地区应用的试验研究[J]. 建筑热能通风空调, 2018, 37 (07): 15-17+20.

[49] 张昊. 拉萨城市集合住宅太阳辐射利用与住区布局关联性研究[D]. 西安: 西安建筑科技大学, 2021.

[50] 冯智渊. 基于太阳辐射热效应规律的集合住宅贯通空间设计模式研究[D]. 西安: 西安建筑科技大学, 2020.

[51] DOHENY J G, MONAGHAN P F. IDABES: an expert system for the preliminary stages of conceptual design of building energy systems[J]. Artificial Intelligence in Engineering, 1987, 2 (2): 54-64.

[52] BELLIA L, FRAGLIASSO F. Evaluating performance of daylight-linked building controls during preliminary design[J]. Automation in Construction, 2018, 93:

293-314.

[53] AZARI R, GARSHASBI S, AMINI P, et al. Multi-objective optimization of building envelope design for life cycle environmental performance[J]. Energy and Buildings, 2016, 126: 524-534.

[54] RÖCKA M, HOLLBERG A, HABERT G, et al. LCA and BIM: integrated assessment and visualization of building elements' embodied impacts for design guidance in early stages[J]. Procedia CIRP, 2018, 69: 218-223.

[55] GAN V J L, WONG H K, TSE K T, et al. Simulation-based evolutionary optimization for energy-efficient layout plan design of high-rise residential buildings [J]. Journal of Cleaner Production, 2019, 231: 1375-1388.

[56] 夏海山, 姚刚.绿色建筑设计的过程性评价导控模式[J]. 华中建筑, 2007, (11): 23-25.

[57] 褚冬竹, 魏书祥, 塔战洋.可持续建筑设计 IMGE[SB] 方法的建立与实验[J]. 新建筑, 2013, (04): 21-26+20.

[58] 杨鸿玮, 刘丛红.可持续理念下的建筑形式生成逻辑探究——以山东寿光职教中心学生公寓设计为例[J].动感: 生态城市与绿色建筑, 2013, (Z1): 82-90.

[59] 李紫微.性能导向的建筑方案阶段参数化设计优化策略与算法研究[D]. 北京: 清华大学, 2014.

[60] 孙澄, 韩昀松.寒冷气候区低能耗公共建筑空间性能驱动设计体系建构[J]. 南方建筑, 2013, (03): 8-13.

[61] SHEN L Y, YAN H, FAN H Q, et al. An integrated system of text mining technique and case-based reasoning (TM-CBR) for supporting green building design[J]. Building & Environment, 2017, 124: 388-401.

[62] 姜敏.自组织理论视野下当代村落公共空间导控研究[D]. 长沙: 湖南大学, 2015.

[63] 黎柔含.整体导控与个体创造: 乡村设计导则与建筑师乡村实践关联性研究[D].重庆: 重庆大学, 2017.

[64] 樊钧, 唐皓明, 叶宇.街道慢行品质的多维度评价与导控策略——基于多源城市数据的整合分析[J].规划师, 2019, 35 (14): 5-11.

［65］ 李冬.绿色建筑评估体系的设计导控机制研究［D］.济南：山东建筑大学，2010.

［66］ 刘煜.绿色建筑方案设计阶段导控指标构建分析［J］.建筑技艺，2019，（01）：19-21.

［67］ BAKER N, STEEMERS K. Energy and environment in architecture: a technical design guide［M］. New York: E & FN Spon, 2000.

［68］ COWAN R. Urban Design Guidance: urban design frameworks, development briefs and master plans［M］. London: Thomas Telford Publishing, 2002.

［69］ SMITH R E. Prefab architecture: a guide to modular design and construction［M］. Hoboken N J: John Wiley & Sons, 2010.

［70］ HOOTMAN T. Net zero energy design: a guide for commercial architecture［M］. Hoboken N J: John Wiley & Sons, 2013.

［71］ 魏立恺，张颀，许蓁，等.走出狭隘建筑数字技术的误区［J］.建筑学报，2012，（09）：1-6.

［72］ 高蓓超.绿色建筑方案设计评价与决策体系研究［D］.南京：南京林业大学，2015.

［73］ CHATZIPOULKA C, NIKOLOPOULOU M. Urban geometry, SVF and insolation of open spaces: London and Paris［J］. Building Research & Information, 2018, 46（8）: 881-898.

［74］ 周铁程，肖益民.拉萨市既有居住建筑围护结构节能改造分析［J］.建筑节能，2015，43（11）：113-117.

［75］ 张樱子，刘加平.拉萨市居住建筑现状及发展趋势［J］.建筑学报，2008，（11）：33-35.

［76］ 薛矗.拉萨市区居住建筑冬季不同供暖方式对比研究［D］.拉萨：西藏大学，2021.

［77］ 刘光华，张致中.阳光对南京地区居住建筑的影响及其解决方法［J］.东南大学学报（自然科学版），1957，（01）：33-50.

［78］ 姜汉侨，段昌辉，杨树华，等.植物生态学［M］.2版.北京：高等教育出版社，2010.

［79］ 刘常富，陈玮.园林生态学［M］.北京：科学出版社，2003.

［80］何桂芳，杨菁，何涛，等.西宁园林植物应用现状及调查分析［J］.安徽农业科学，2011，39（11）：6392-6394.

［81］YANG L，YAN H Y，XU Y，et al. Residential thermal environment in cold climates at high altitudes and building energy use implications［J］. Energy and Buildings, 2013, 62: 139-145.

附录 A　图索引

附录 B 表索引